Faris Al-Obaidi
Shahrazad Al-Shadeedi
Rashid Al-Dalawi

Jajko stołowe i jajko projektanta

Faris Al-Obaidi
Shahrazad Al-Shadeedi
Rashid Al-Dalawi

Jajko stołowe i jajko projektanta

Wydawnictwo Bezkresy Wiedzy

Imprint
Any brand names and product names mentioned in this book are subject to trademark, brand or patent protection and are trademarks or registered trademarks of their respective holders. The use of brand names, product names, common names, trade names, product descriptions etc. even without a particular marking in this work is in no way to be construed to mean that such names may be regarded as unrestricted in respect of trademark and brand protection legislation and could thus be used by anyone.

Cover image: www.ingimage.com

Publisher:
Wydawnictwo Bezkresy Wiedzy
is a trademark of
International Book Market Service Ltd., member of OmniScriptum Publishing Group
17 Meldrum Street, Beau Bassin 71504, Mauritius

Printed at: see last page
ISBN: 978-620-0-54228-1

Jajko stołowe i jajko projektanta

Przez

Faris A. Al-Obaidi (Ph.D.)
Iraq Natural History Research Center & Museum, University of Baghdad, Baghdad, Iraq.
dr_faris07@yahoo.com

Shahrazad M.J. Al-Shadeedi (Ph.D.)
Centrum Badań Rynku i Ochrony Konsumentów, Uniwersytet w Bagdadzie, Bagdad, Irak.
dr_shahrazad08@yahoo.com

oraz

Rashid H. Al-Dalawi (Ph.D.)
College of Agriculture, Uniwersytet Kirkuk,
Kirkuk, Irak.
aboumerdalawi@gmail.com

Treść książki

Rozdział pierwszy

Definicja, struktura i morfologia jaja

Definicja jajka

Naukowy

Jajo jest komórką rozrodczą lub naczyniem organicznym zawierającym zygotę, w którym rozwija się zarodek, aż do momentu, w którym może on sam przeżyć, w którym zwierzę się wykluwa. Jajo powstaje w wyniku zapłodnienia komórki jajowej. Większość stawonogów, kręgowców (poza ssakami) i mięczaków składa jaja (Newman, 2011).

Odżywianie

Jajo jest komórką rozrodczą ptaków domowych, które należą do klasy Aves, należą głównie do zakonu Galliformes i rodziny Phasianidea, w tym Kurczaka, Indyka, Przepiórki, Bażanty i Kuropatwy. Również rodzina Anatidea, w tym Kaczka, Gęsi oraz rodzina Struthionidea, w tym strusia. Ptactwo domowe lub drób to cenne ptaki domowe hodowane przez ludzi dla jaj, które produkują i ich mięsa (Al-Obaidi i Al-Shadeedi, 2017).

Rysunek (1): Gatunki ptactwa lub drobiu. (Designhill, 2019).

Jajo drobiowe należy do żywności o wysokiej wartości odżywczej. Ludzie spożywają jaja ze względu na ich wysoką wartość odżywczą, ze względu na optymalny skład niezbędnych aminokwasów oraz korzystny skład kwasów tłuszczowych z wysokim procentem wielonienasyconych kwasów tłuszczowych i korzystnym stosunkiem kwasów tłuszczowych omega 6 do omega 3. Jest ekonomiczny, szybki i łatwy w przygotowaniu i podawaniu. Wykorzystanie jaj kurzych do przetwarzania, również jaj pidan i balut ma długą tradycję w niektórych krajach azjatyckich od wieków (Stadelman i Cotterill, 1995; Pingel, 2009; Al-Shadeedi *i in.*, 2013; Al-Obaidi i Al-Shadeedi, 2016).

Rysunek (2): Jakiś rodzaj jaj ptaków domowych, jaja przepiórcze (lewe górne), jajo kurze (lewe dolne) i jajo strusia (prawe) (Rainer Zenz, 2006).

Jajo ptactwa jest jedną z najbardziej złożonych i wysoce zróżnicowanych komórek rozrodczych, jaja ptaków różnią się od siebie kształtem, objętością, wagą i ilością materiału żółtkowego i białkowego ze względu na czynniki genetyczne; gatunki, rasę i szczep oraz czynniki niegenetyczne; odżywianie, choroby i porę roku (Romanoff i Romanoff, 1949; Stadelman i Cotterill, 1995; Al-Obaidi i Al-Shadeedi, 2014, 2016).

Struktura i elementy składowe jaj

Jajko składa się zasadniczo z trzech części (rysunek 3):

muszelka

białko jaja

żółtko jajka

Jajo od kury składa się w około 2/3 z białka i 1/3 z żółtka.

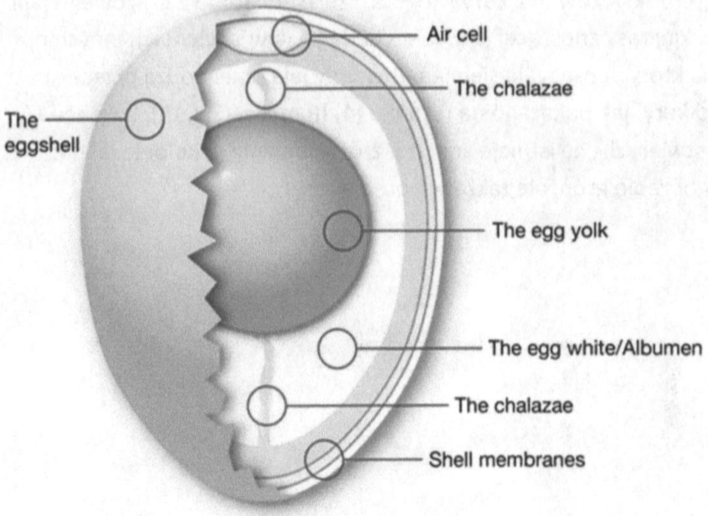

Rysunek (3): Struktura jaj konsumpcyjnych (żywność HEDEGAARD, 2013).

Morfologia jaj i kolor muszli

Jajo ptactwa jest jedną z najbardziej złożonych i wysoce zróżnicowanych komórek rozrodczych, jaja ptaków różnią się między sobą kształtem, objętością, wagą i ilością materiału żółtkowego i białkowego ze względu na czynniki genetyczne; gatunek, rasę i szczep oraz czynniki niegenetyczne; odżywianie, choroby i porę roku (Romanoff i Romanoff, 1949; Stadelman i Cotterill, 1995). Główne pigmenty odpowiedzialne za ubarwienie jaj dzikich i domowych ptaków to protoporfiryna IX, biliverdin IX i chelat cynku biliverdin (Poole, 1964). Badania na ponad 100 gatunkach ptaków dowodzą, że jedynymi pigmentami w jajach niebieskoskorupowych są biliverdin IX i chelat cynkowy biliverdin (Kennedy i Vevers, 1976). Główny pigment w skorupkach jaj kur niosek z brunatnymi jajami wynika z dużej ilości protoporfiryny i uroporfiryny, natomiast w skorupkach jaj kur niosek z białymi jajami nie osadzają się pigmenty. Jajo oliwne, kurczak znoszący oliwkowe jaja zielone, jest produktem skrzyżowania kury i koguta, które pochodzą z brązowego jaja i niebieskiej rasy znoszącej jaja. Jaja składane są w odcieniach innych niż białe, na których osadzają się pigmenty, gdy jaja przechodzą przez jajowód kury, jak pokazano na rysunku (4) (Pinterest, 2018). Lukanov *i in.* (2015) stwierdzili, że istnieje znaczne zróżnicowanie w kolorze jaj nie tylko w obrębie grup, ale także w obrębie rasy.

Rysunek (4): Różnice w kolorze skorupki jaja stołowego wynikające z rasy kurczaka

Rozdział drugi

Jajko Wartość odżywcza

Znaczenie jajka

Częstość występowania niedożywienia wzrasta w krajach całego świata. W Global Nutrition Report 20161 stwierdzono, że "Niedożywienie i dieta są zdecydowanie największymi czynnikami ryzyka dla globalnego obciążenia chorobami". Zajęcie się kwestiami związanymi z odżywianiem jest prawdziwym wyzwaniem, a DSM pracuje nad wykorzystaniem swojej wiedzy specjalistycznej w zakresie zdrowia i odżywiania w celu opracowania wzbogaconej żywności i produktów zawierających mikroelementy w celu poprawy globalnego stanu odżywienia. Rozwiązania te odgrywają kluczową rolę w globalnym dążeniu do osiągnięcia celów ONZ w zakresie zrównoważonego rozwoju (SDG), aby położyć kres głodowi, osiągnąć bezpieczeństwo żywnościowe i poprawić odżywianie, do czego DSM zobowiązała się w swojej strategii biznesowej w perspektywie długoterminowej. Optymalny wzrost i rozwój dziecka może mieć bezpośredni wpływ na zdrowie i dobre samopoczucie przez całe życie człowieka. Wymaga to zapewnienia odpowiedniego spożycia mikroskładników odżywczych i białka w diecie, zwłaszcza w krytycznych fazach życia, takich jak ciąża, laktacja, niemowlęctwo i dorastanie. Konsekwencją tego jest rosnące zainteresowanie i rynek jaj specjalnych, które zawierają wyższy poziom witamin. Stało się jasne, że jaja są potencjalną kopalnią złota z niezbędnymi substancjami odżywczymi i witaminami, a w wielu częściach świata i na całym świecie ludzie zaczynają na nowo myśleć o skromnym jajku. Innymi słowy, jaja mogą odgrywać ważną rolę w globalnym dążeniu do osiągnięcia zerowego poziomu głodu, dobrego zdrowia i dobrego samopoczucia, a w konsekwencji do osiągnięcia celów zrównoważonego rozwoju.

Klasy jaj ptasich

Ptaki są pogrupowane według względnej ilości żółtka i białka, naturalnie dzielą się na dwie klasy. Jaja, w których żółtko stanowi od 15 do 20 % całkowitej masy (niższy odsetek żółtka i lipidów) należą do klasy Altricial species, jaja, w których żółtko stanowi od 30 do 40 % całkowitej masy (wysoki odsetek żółtka i lipidów) należą do klasy Precocial species. Żółtko ma największe wartości pokarmowe, zawiera mieszankę białek, tłuszczów i węglowodanów w wodnistym podłożu (Marshall, 1960), stosunkowo duże żółtko zapewnia dość zaawansowany etap rozwoju u młodych w wylęganiu, a wszystkie szczepy i grupy kaczek należą do tej klasy, nowo wyklute pisklęta są w pełni zdolne do jedzenia i pływania (BirdLife International, 2012; Al-Shadeedi *i in.* , 2013). Wysoka zawartość białka, lipidów w jajach kaczek krzyżówek jest niezbędna i potrzebna dla tego szczepu, który nadal jest pół-domowym ptactwem wodnym w zaawansowanym stadium rozwoju piskląt w czasie wylęgu w porównaniu z innymi badanymi ptactwami domowymi (Downing i Taylor, 2010; Al-Shadeedi *i in.* , 2013; Farell, 2015; Al-Obaidi i Al-Shadeedi, 2016).

Wartość odżywcza jaja

Jaja kurczaka są znane, bardzo pożywne, ekonomiczne i łatwe w przygotowaniu, składają się z około 10% skorupki, 58% białka i 32% żółtka. Ponieważ stanowią one dobrze zrównoważone źródło ważnych składników odżywczych dla człowieka w każdym wieku (Matt *i in.,* 2009). Ponadto, ich wysoka jakość białka, niska wartość kaloryczna i łatwość przyswajania sprawiają, że jaja są cenne w wielu dietach leczniczych dla dorosłych, białko jaja jest lepkim, bezbarwnym płynem składającym się w 88% z wody, 10-12% z białka i niektórych minerałów. Ilość lipidów w białku jaja jest śladowa (0,02%) w porównaniu z ilością obecną w żółtku. Żółtko zawiera 48% wody, 15-17% białka, 32-34% tłuszczu oraz niektóre minerały i witaminy (Burley i Vadehra, 1989; Bufano, 2000; Stadelman i Cotterill, 1995), Tabela (1) i (2) wyjaśniają składniki i frakcje odżywcze jaja kurzego.

Jajo kurczaka w jadalnych porcjach składa się z wody (74%), białka (13%), tłuszczu (11%), węglowodanów (1%) i innych składników odżywczych z niewielkim udziałem minerałów, witamin i karotenoidów.
Makrostruktura jaja to około 9-12% skorupki, 60% albumu i 30-33% żółtka. Zawartość lipidów w żółtku wynosi około 33%, w tym 63,3% triacylogliceroli, 29,7% fosfatydylocholiny (fosfatydylocholina: 73%;

fosfatydyloetanoloamina: 15%) i 5,2% cholesterolu całkowitego. Znajomość tych właściwości jest ważna, ponieważ może pozwolić na przyjęcie strategii modyfikacji właściwości kwasów tłuszczowych (Jain *et al.*, 1998).

Spośród 13 powszechnie przyjętych witamin, wszystkie z wyjątkiem witaminy C są obecne w jajku. Bogate w lipidy żółtko działa jako podstawowy zbiornik witamin rozpuszczalnych w tłuszczach, a także ich rozpuszczalnych w wodzie odpowiedników. Dwa konwencjonalne duże jaja mogą dostarczyć około 30% Zalecanego Dziennego Zasiłku Żywieniowego (RDA) dla ryboflawiny, ponad 60% witaminy K i około 15% witaminy A i D, folianu i witaminy B12. Jaja mogą oferować realny potencjał w zakresie poprawy odżywiania matek i dzieci w krajach rozwijających się, zakończenia głodu i osiągnięcia bezpieczeństwa żywnościowego w zrównoważony sposób. Badania promujące spożycie jaj przez kobiety i dzieci w ramach szerszych usprawnień dietetycznych pokazują, że wskaźniki wzrostu dzieci są znacznie lepsze w grupie interwencyjnej w porównaniu z kontrolami. Podobnie, ostatnie przełomowe badania wykazały, że wszystkie dziewięć niezbędnych aminokwasów było znacznie niższych u dzieci zahamowanych w porównaniu z dziećmi nieahamowanymi. To mówi nam, że zwiększone spożycie wysokiej jakości białka z jaj może pomóc w promowaniu optymalnego rozwoju u dzieci (World Poultry, 2003).

Tabela (1): Frakcje białkowe i lipidowe oraz specjalne składniki

w 100g jaja kurzego.

Składnik	Ilość	Składnik	Ilość
Białka białkowe		Fosfolipidy	
Ovalbumin	3.78g	Fosfotydylocholina (lecytyna)	2.47 g
Konalbumina (Ovotransferrin)	0.91g	fospotydyloetanoloamina	0.48 g
Ovomucoid	0.77g	Seryna fosfatydylowa	102 mg

Globuliny G2 i G3	0.64g	lizofosfotydylocholina	226 mg
Lizozym (G1---globulina)	0.260g	Sfingomylina	38 mg
Ovomucin	0.203g	Plasmalogen	34 m
Ovoflavoprotein	60mg	Lizofosfatydyloetanol amina	78 mg
Ovoglycoprotein	50mg	Fosfolipidy inozytolowe	20 mg
Ovomacroglobulin	40mg	Sterole żółtkowe	
Ovoinhibitor	20mg	Cholesterol	0.40 g
Avidin	4mg	Brassiscasterol	4,8mg
Cystatyna	3mg	Campesterol	4,8mg
Białka żółtkowe		Stigmasterol	0,8mg
Ovovitellin	4.20g	B-sitosterol	0,8mg
Lipovitellin	0.5g	Glikolipidy/ móżdżki (ovokerasin i ovophrenasin)	38mg
Livetin	0.4g	Pigmenty żółtkowe	
Lipoproteina o niskiej gęstości	0.4g	Carotenes	1 do 2 mg
Ovolivetin	0.30g	Kryptoksantyna	0,2 do 0,60 mg
Phosvitin	30mg	Luteina, astaksantyna, zeaksantyna i inne	0,6 do 4,50 mg
Vitellogenin	10mg	xanthophylls	(zależy od paszy dla kury)
Lipidy żółtkowe			

Triglicerydy	7.30g	Specjalne komponenty	
Całkowicie nasycone F.A.	3.55g	Tauryna	5-8mg
Razem MUFA	4.55g	Sulforafan	1-4mg
Razem PUFA	4.55g	Lumiflavin	0,25mg
Witaminy rozpuszczalne w tłuszczach	4mg	Lumichrome	0,20mg
		Kwas sialowy	10mg
		Betaine	90mg

World Poultry (2003).

Tabela (2): Procentowy udział "zalecanego zapotrzebowania na składniki odżywcze" przez jedno jajo kurczaka i jego względny koszt.

Składniki odżywcze	Ilość w 1 jajku	Zalecany codziennie odżywki dla dorosłych	Udział procentowy o 1 jajko
Białko (g)	6.9	60	11.5
Energia (KCal)	85	2500	3.5
PUFA g)	1.17	10.0	11.7
MUFA g)	2.76	12g	23.0
Wapń (mg)	35	400	8.8
Fosfor (mg)	125	700	17.9
Żelazo (mg)	1.3	30	4.3
Cynk (mg)	0.8	9	8.9
Jodyna (mg)	0.04	0.2	20.0
Selen (mcg)	0.6	5.5	10.9
Wit. A (mcg)	188	225	83.3
Vit. D (mcg)	0.95	5	19.0
Witamina E (mg)	1.6	10	16.0
Wit. K (mg)	0.005	0.65	0.8
Wit. C (mg)	0	40	0.0
Tiamina (mg)	0.05	1.2	4.2
Riboflawina (mg)	0.17	1.3	13.1
Niacyna (mg)	0.05	16	0.3

Pirydoksyna (mg)	0.14	2.0	7.0
Kwas foliowy (mg)	0.04	0.10	40.0
Wit. B12 (mcg)	1.6	1.0	160.0
Kwas pantotenowy (mg)	0.85	5	17.0
Biotyna (mcg)	10.0	25	40.0
Cholina (mg)	410	450	91.1

World Poultry (2003).

Składniki jaj i frakcje odżywcze będą się różnić w zależności od gatunku ptactwa lub drobiu, Al-Obaidi i Al-Shadeedi (2016) poinformowali, że istotne różnice ($P<0.05$) pojawiły się w procentach składników jaj i niektórych wartości składu chemicznego z powodu gatunku ptactwa. Masa jaja kaczki krzyżówki wahała się od 62,60 do 65,12 gm przy średniej wartości 63,44 gm, jego objętość wahała się od 14,84 do 15,30 cm3 przy średniej wartości 15,03 cm3, w tym samym czasie ciężar właściwy jaj kaczki krzyżówki był wysoki w porównaniu z jajami kaczki pekińskiej, których średnie wartości wynosiły odpowiednio 4,22 i 1,45 (Tabela 3). Masa jaja wyrażana jest w kategoriach wielkości, na wielkość jaj wpływa głównie wielkość ciała, stan ewolucyjny, klimat, ilość dostępnego pokarmu i niektóre inne czynniki, istnieje również ogromny zakres wielkości jaj pomiędzy różnymi gatunkami oraz w obrębie gatunku pomiędzy osobnikami. Wielkość jaj zniesionych przez jednego osobnika może znacznie różnić się od jaj zniesionych przez innego tego samego gatunku i rasy, wielkość jaj zależy od wielkości ciała, statusu ewolucyjnego, klimatu, ilości dostępnego pożywienia i niektórych innych czynników (Stadelman i Cotterill, 1995; Downing i Taylor, 2010).

Tabela (3): Szerokość, długość i kształt jaja kaczki krzyżówki i kaczki domowej pekińskiej.

Grupy kaczek	Regiony	Szerokość jaja (cm)	Długość jaja (cm)	Wskaźnik kształtu jaja (%)
Kaczka krzyżówka	A	27.73 ±0.35	38.42 ±0.46	72.18±0.64
	B	27.54 ±0.31	38.36 ±0.44	71.79±0.67
	C	28.02 ±0.32	38.20 ±0.41	73.35±0.67
	D	27.64 ±0.30	38.33 ±0.43	72.11±0.62
	E	27.66 ±0.33	38.53 ±0.45	71.79±0.68
	Średnia	27.72 ±0.32	38.37 ±0.44	72.24±0.63*
Kaczka pekińska	A	42.09 ±0.25	67.72 ±0.46	62.15±0.56
	B	43.11 ±0.24	67.80 ±0.47	63.58±0.57
	C	42.09 ±0.25	66.97 ±0.45	62.85±0.62
	D	44.10 ±0.28	67.41 ±0.46	65.42±0.57
	E	43.15 ±0.27	68.17 ±0.45	63.30 ±0.58
	Średnia	42.91 ±0.25*	67.61 ±0.46*	63.47 ±0.61
Znaczący		*	*	*

*Significant ($p<0,05$)

Badanie Al-Obaidi i Al-Shadeedi (2017) porównało niektóre gatunki ptactwa domowego i wykazało, że kury rodzime mają średnią masę jaja 56.43±0.76gm w porównaniu z 78.71±0.77, 10.20 ±0.71 i 84.36 ±0.74gm odpowiednio dla kaczki krzyżówki, przepiórki i indyka, analiza statystyczna wykazała, że istotne różnice (P<0.05) występowały w procentach składników jaj, jaja kaczki krzyżówki mają najwyższy odsetek żółtka (34).94 ±0,56%) z niskim odsetkiem skorupki (10,89 ±0,28%) i białka (54,17 ±0,80%) wśród innych badanych gatunków, w tym samym czasie w jajach przepiórczych i indyczych (odpowiednio 11,75 ±0,31 i 11,77 ±0,30%), gdy jako jajo kurczaka najwyższy odsetek białka (57,13 ±0,84) wśród innych badanych gatunków (tabela 4).

Tabela (4): Masa jaj i składniki (%) kury.

Gatunki ptactwa domowego	Waga jaja (gm)	Skorupa jaja (%)	Żółtko jajka (%)	Jajecznica (%)
Kurczak	56.43±0.76c	11.05±0.33b	31.82±0.52c	57.13±0.84a
Kaczka krzyżówka	78.71±0.77b	10.89±0.28c	34.94 ±0.56a	54.17±0.80d
Przepiórka	10.20 ±0.71d	11.75 ±0.31a	31.58 ±0.53d	56.67±0.86b
Turcja	84.36 ±0.74a	11.77 ±0.30a	32.10 ±0.57b	56.13±0.85c
Znaczący	*	*	*	*

*Significant (p<0,05)

Również badanie Al-Obaidi i Al-Shadeedi (2017) wykazało skład chemiczny jadalnych porcji jaja. Analiza statystyczna wykazała istotne różnice (P<0,05) w składzie chemicznym jaj, największy udział białka i lipidów miało żółtko kaczki krzyżówki (odpowiednio 19,42±0,32 i 34,88±1,36%), w tym samym czasie największy udział białka (12,88±0,22%) wśród pozostałych badanych gatunków jaj. Nie pojawiły się żadne różnice statystyczne w popiele jajek (Tale 5). Profil lipidowy żółtka jaj niektórych rodzimych ptactwa domowego w Iraku, analiza statystyczna wykazała, że istotne różnice ($P<0,05$) występowały w cholesterolu, HDL i LDL, które były wysokie u kaczki krzyżówki i indyka w porównaniu z innymi gatunkami, natomiast nie stwierdzono różnic w triglicerydach lipidowych wśród badanych gatunków (tabela 6).

Tabela (5): Skład chemiczny jaj niektórych ptactwa.

	Gatunki ptactwa domowego	Białko jaja (%)	Lipidy jaja (%)	Popiół z jaj (%)
Żółtko	Kurczak	17.59±0.34c	32.41±1.33c	1.14±0.11
	Kaczka krzyżówka	19.42±0.32a	34.88±1.36a	1.23±0.11
	Przepiórka	17.58±0.35c	32.25 ±1.34c	1.21±0.11
	Turcja	18.73±0.32b	33.19±1.36b	1.27±0.12
	Znaczący	*	*	N.S.
Album	Kurczak	11.76±0.24c	-	1.02±0.10
	Kaczka krzyżówka	12.21±0.21b	-	1.10±0.10
	Przepiórka	11.80±0.21c	-	1.05±0.10
	Turcja	12.88±0.22a	-	1.12±0.10
	Znaczący	*	-	N.S.

* Znaczące ($p<0,05$), N.S· brak istotnych różnic w wartościach cech.

Tabela (6): Profil lipidowy niektórych ptactwa.

Gatunki ptactwa domowego	Cholesterol (mg/gm)	HDL (mg/gm)	LDL (mg/gm)	Triglicerydy (mg/gm)
Kurczak	16±1.76b	77±3.21b	34±1.72b	77±1.58
Kaczka krzyżówka	26±2.77a	69±3.28c	45±1.76a	78±1.56
Przepiórka	12±1.71c	89±3.14a	31±1.73c	76±1.60
Turcja	25±2.74a	66±3.25c	46±1.77a	78±1.58
Znaczący	*	*	*	N.S.

* Znaczące (p<0,05), N.S· brak istotnych różnic w wartościach cech.

Strusie (*Struthio camelus*) i emu (*Dromaius novaehollandiae*), należą do jednej z największych grup żywych gatunków ptaków, zwanych bezgrzebieniowcami. Ptaki te wyróżniają się swoim wyglądem, mają długą szyję i nogi (Hermes, 2006). Jaja strusia są największe ze wszystkich jaj, choć w rzeczywistości są najmniejszymi jajami w stosunku do wielkości dorosłego ptaka, mają średnio 15 centymetrów długości, 13 centymetrów szerokości i ważą 1,4kgm, czyli ponad 20 razy więcej niż jajo kurze. Są one błyszczące w kolorze kremowym, z grubymi muszlami zaznaczonymi małymi wgłębieniami (Romanoff i Romanoff, 1949).

Al-Obaidi i Al-Shadeedi (2015 r.) porównali charakterystyki chemiczne holowanych ptaków bezgrzebieniowych; jaj strusia (*Struthio camelus*) i emu (*Dromaius novaehollandiae*) z jajami rodzimych kurcząt (*Gallus domesticus*). Uzyskane dane ujawniły istotne różnice (P<0,05) w strukturze morfologicznej i składowych jaj wśród strusia, emu i kurcząt rodzimych. Chociaż zauważono pewne istotne różnice (P<0,05) w składzie chemicznym, jaja strusia i emu są równoważne z rodzimymi jajami kurzymi w składzie chemicznym, więc ich jaja były akceptowane przez konsumentów jako jaja konsumpcyjne (tabele 7, 8 i 9).

Tabela (7): Skład chemiczny albumu i żółtka strusia, emu i rodzimych jaj kurzych (średnia ±SE).

Parametry	Struś		Emu		Rdzenny kurczak	
	Album	Żółtko	Album	Żółtko	Album	Żółtko
Wilgotność (%)	87.54 ±0.45a	52.26 ±1.22a	87.50 ±0.38a	52.20 ±1.23a	87.23 ±0.41a	48.45 ±1.25b
Popiół (%)	0.97 ±0.03a	1.08 ±0.31a	0.95 ±0.05a	1.11 ±0.33a	1.02 ±0.05a	1.12 ±1.31a
Białko (%)	10.79 ±0.62b	16.34 ±0.85b	10.86 ±0.58b	16.52 ±0.88b	11.03 ±0.62a	17.27 ±0.86a
Lipid (%)	-	28.91 ±1.05b	-	28.95 ±1.11b	-	31.88 ±1.06a
Węglowodany (%)	0.70 ±0.20a	1.41 ±0.34a	0.69 ±0.24a	1.22 ±0.33a	0.72 ±0.21a	1.28 ±0.33a

Tabela (8): Zawartość minerałów w albuminach i żółtkach strusia, emu i rodzimych jaj kurzych (średnia ±SE).

Minerały	Struś		Emu		Rdzenny kurczak	
	Album	Żółtko	Album	Żółtko	Album	Żółtko
Wapń (Ca)	27 ±0.54a	145 ±1.72b	28 ±0.55a	139 ±1.66b	32 ±0.52a	165 ±1.68a
Fosfor (P)	18 ±0.72a	334 ±3.99b	19 ±0.81a	343 ±4.13b	22 ±0.70a	380 ±4.15a
Magnez (Mg)	10 ±0.40a	15 ±0.38a	8 ±0.37a	17 ±0.39a	13 ±0.37a	19 ±0.37a
Żelazo (Fe)	2 ±0.52b	7 ±0.56b	1.8 ±0.51b	8 ±0.51b	3 ±0.53a	14 ±0.55a
Potas (K)	142 ±1.73a	108 ±1.77a	144 ±1.80a	100 ±1.79a	167 ±1.78a	125 ±1.79a
Miedź (Cu)	<1 ±0.00	<1 ±0.00	<1 ±0.00	<1 ±0.00	<1 ±0.00	<1 ±0.00
Cynk (Zn)	<1 ±0.00	<1 ±0.00	<1 ±0.00	<1 ±0.00	<1 ±0.00	<1 ±0.00
Mangan (Mn)	<1 ±0.00	<1 ±0.00	<1 ±0.00	<1 ±0.00	<1 ±0.00	<1 ±0.00

Tabela (9): Profil lipidowy strusia, emu i rodzimych jaj kurzych (średnia ±SE).

Parametry	Struś	Emu	Rdzenny kurczak
Cholesterol (mg/gm)	10.3 ±1.09	15.7 ±1.12a	13.6 ±1.13b
Lipoproteina o wysokiej gęstości (mg/100g)	70.4 ±1.46a	52.4 ±1.47a	67.6 ±1.45b
Lipoproteina o niskiej gęstości (mg/100g)	41.2 ±1.65a	50.9 ±1.52b	45.4 ±1.57c
Lipoproteina o bardzo niskiej gęstości (mg/100g)	127.0 ±3.46a	165.3 ±3.39b	142.2 ±3.34c
Triglicerydy (mg/100g)	75.8 ±1.97a	50.6 ±1.85c	71.7 ±1.84b
Wolne kwasy tłuszczowe (mg/100mg)	0.62 ±0.27a	0.74 ±0.22a	0.49 ±0.14a

Rozdział trzeci

Jajko projektanta

Designerska żywność

Prozdrowotne działanie dietetycznych PUFA sprowokowało znaczne wysiłki w celu wzbogacenia produktów zwierzęcych przy użyciu różnych źródeł PUFA. W szczególności branża drobiarska poszukuje nowszych technologii w celu wykorzystania produktów wykraczających poza ich tradycyjne wartości spożywcze. Jedną z takich technologii jest DESIGNER FOOD, który można zdefiniować jako zmodyfikowaną odżywczo żywność funkcjonalną lub designerską, która zachowuje swoje właściwości funkcjonalne, odżywcze i sensoryczne, ale ma znacznie zmieniony profil lipidowy (Manohar, 2015).

Jajo projektanta

Manohar (2015) podał, że jajko jest pokarmem bogatym w cholesterol. Duże jajko zawiera około 210 mg cholesterolu. Założenia takie jak spożycie jaj zwiększają bezpośrednio poziom cholesterolu w surowicy, wiele z nich zmniejszyło spożycie jaj. Ta "fobia cholesterolowa" przerażała ludzi w krajach rozwiniętych do 1990 r. i nadal występowała w krajach rozwijających się, w tym w Indiach, z powodu niewiedzy; prowadząc do niskiego spożycia jaj. Mimo że wyższość odżywcza jaja została udowodniona ponad wszelką wątpliwość, spożycie jaj w Indiach jest bardzo niskie z powodu wegetarianizmu, jak również strachu przed cholesterolem. Chociaż dietetycy i kardiolodzy ustalili, że istnieje tylko nieznaczna korelacja między poziomem cholesterolu w diecie a poziomem cholesterolu w surowicy; konsumenci nadal boją się spożywania pokarmów bogatych w cholesterol, dlatego istnieje pilna potrzeba obniżenia poziomu cholesterolu w żółtku jaja, jak również włączenia do niego kilku innych składników prozdrowotnych. Przemysł jest obecnie nastawiony na produkcję jaj specjalistycznych, które mają wyższy lub wzbogacony poziom niektórych składników odżywczych już obecnych w jajach lub niższy poziom innych składników odżywczych, które z pewnych powodów uważane są za niepożądane. Takie jaja nazywane są "jajami designerskimi", "jajami funkcjonalnymi", "jajami dietetycznymi", "jajami wzbogaconymi w kwas tłuszczowy omega-3", które są w stanie chronić zdrowie konsumentów. Jajo projektanta będzie produkowane z bogatymi, prozdrowotnymi składnikami, takimi jak kwasy tłuszczowe omega-3 i witamina E, wraz z włączeniem kilku dodatkowych, prozdrowotnych składników, takich jak antyoksydanty, pigmenty karotenoidowe, niektóre witaminy i minerały; poza tym obniża poziom cholesterolu w żółtku. Ogólnie rzecz biorąc, kwasy tłuszczowe omega-3 obniżyły poziom LDL-Cholesterolu (bad cholesterol) w surowicy, zmniejszając tym samym ryzyko chorób układu krążenia. Po tym jak zmiotą wolne rodniki i zaczną działać jako immunomodulatory u ludzi, konsumując regularnie takie jaja (Van Elswyk, 1997; Knapp, 1993; Manohar, 2015).

Dieta odgrywa ważną rolę w utrzymaniu zdrowia. Wśród różnych produktów dostarczających organizmowi niezbędnych składników odżywczych, jajko ma zapewne szczególne miejsce, będąc bogatym i zrównoważonym źródłem niezbędnych aminokwasów i kwasów tłuszczowych, a także niektórych minerałów i witamin. W niniejszym artykule skoncentrowano się na korzyściach dla konsumenta wynikających z poprawy wartości odżywczej jaj poprzez zwiększenie poziomu antyoksydantów i kwasów tłuszczowych n-3, takich jak kwas dokozaheksaenowy (DHA). Zalety jednoczesnego wzbogacania jaj witaminą E, karotenoidami, selenem i DHA to lepsza stabilność wielonienasyconych kwasów tłuszczowych (PUFA) podczas przechowywania i gotowania jaj, wysoka dostępność takich składników odżywczych jak witamina E i karotenoidy, brak posmaku oraz lepszy stan antyoksydacyjny i n-3 osób spożywających te jaja. Po dokonaniu przeglądu odpowiedniej literatury naukowej stwierdza się, że "jaja projektanta" mogą być uważane za nowy rodzaj żywności funkcjonalnej.

Standardowe Jaja Konstrukcyjne (SDE) zostały wyprodukowane poprzez żywienie kur paszą bogatą w n-3 kwasy tłuszczowe, witaminę E, selen i barwniki karotenoidowe. Wraz z SDE wyprodukowano 5 różnych odmian Herbal Enriched Designer Eggs (HEDE), poprzez włączenie do diety kur 5g/kg perełek czosnku, nasion kozieradki, liści laurowych lub liści bazylii lub 1g/kg Spiruliny. Oszacowano antyoksydacyjne, obniżające poziom cholesterolu, immunomodulujące i inne zdrowotne właściwości jaj oraz stan immunologiczny ptaków.

Wszystkie zioła, zwłaszcza liście laurowe Zatoki, zwiększyły właściwości antyoksydacyjne jaj. Poziom cholesterolu w żółtku został znacznie obniżony w SDE i w HEDE, zwłaszcza dzięki suplementacji liśćmi bazylii i czosnkiem. Stan immunologiczny kur, jak również poziom immunoglobulin w jajach zostały podwyższone dzięki wszystkim zabiegom, szczególnie przez liście kozieradki i bazylii. Z wyjątkiem czosnku, w wyniku innych zabiegów wyprodukowano jaja akceptowane przez konsumentów. Poziomy N3 PUFA we wszystkich 6 SDE zostały znacznie zwiększone, przy proporcjonalnym zmniejszeniu poziomu nasycenia FA, co spowodowało korzystne wskaźniki N3/N6. Spożycie SDE i HEDE spowodowało zdrowe zmiany w profilu lipidowym surowicy u ludzkich ochotników (Narahari *i in.,* 2015).

Zalety jajka projektanta

Ogólnie rzecz biorąc, jaja są uważane za bardzo pożywne jedzenie. Jajo uważane jest za najbardziej kompletny pokarm natury zawierający wysokiej jakości białka, stosunek tłuszczów nienasyconych do nasyconych jest doskonałym źródłem żelaza, fosforu i innych minerałów oraz wszystkich witamin z wyjątkiem witaminy C. Wielofunkcyjne właściwości jaj przyczyniły się do ich dalszego wykorzystania jako składnika wielu artykułów spożywczych. Składniki antybakteryjne zawarte w jajku i ich wkład w bezpieczeństwo żywności jest faktem uznanym.

Omega-3 PUFA wzbogacone jajo

Zmiana całkowitej zawartości tłuszczu w diecie kury ma niewielki wpływ na całkowitą zawartość tłuszczu w żółtku jaja. Jednakże profil kwasów tłuszczowych (lub proporcje różnych rodzajów kwasów tłuszczowych) lipidów żółtka jaja można łatwo zmienić, po prostu zmieniając rodzaj tłuszczu stosowanego w diecie. Spożycie wielonienasyconych kwasów tłuszczowych zostało zgłoszone w celu zmniejszenia ryzyka miażdżycy i udaru mózgu. Wykazano również, że spożycie tych kwasów tłuszczowych sprzyja wzrostowi niemowląt. Aby zwiększyć zawartość kwasu tłuszczowego omega-3 w żółtku jaj, do pasz dla kurcząt dodano różne rodzaje pasz, takie jak siemię lniane, olej z krokosza balwierskiego, oleje z perilli3, chia4, algi morskie, ryby, olej rybny i olej roślinny. Jaja bogate w kwasy tłuszczowe Omega-3 mogą stanowić alternatywne źródło żywności w celu zwiększenia spożycia tych "zdrowych" kwasów tłuszczowych przez konsumentów. Ocena jaj podczas przechowywania wskazuje, że okres trwałości jaj wzbogaconych był porównywalny z okresem trwałości jaj typowych. Wiele jaj omega-3 z kwasem tłuszczowym jest dostępnych na rynku amerykańskim pod różnymi markami, takimi jak Gold Circle Farms, EggPlus i Country Hen Better Eggs. Jaja Omega-3 wzbogacone kwasem tłuszczowym smakują i gotują jak wszystkie inne jaja kurze dostępne w sklepie spożywczym. Jednak zazwyczaj mają one ciemniejsze żółtko. Na rynku dostępne są również jaja markowe, które zawierają obniżony stosunek kwasów tłuszczowych nasyconych do nienasyconych. Olej rzepakowy jest powszechnie stosowany do zmiany stosunku kwasów tłuszczowych nasyconych do nienasyconych. Tampa Farm Services produkuje jajko, które zawiera 25% mniej nasyconego tłuszczu niż zwykłe jaja (Van Elswyk, 1997; Manohar, 2015).

Kwasy tłuszczowe Omega-3 to grupa wielonienasyconych kwasów tłuszczowych (PUFA), znanych również jako kwasy tłuszczowe n-3. n-3 oznacza pozycję pierwszego wiązania podwójnego w łańcuchu węglowym, począwszy od końca metylowego cząsteczki, znajdującego się na trzecim atomie węgla. Większość ptaków i zwierząt, w tym ludzi, nie może syntetyzować tych n-3 kwasów tłuszczowych, dlatego są one dietetycznie niezbędne. Wielonienasycone kwasy tłuszczowe Omega-3 są niezbędne w diecie, ponieważ nie mogą być syntetyzowane przez rodzime zwierzęta jednożołądkowe. Kilku naukowców zgłosiło niskie spożycie tych krytycznych składników odżywczych przez ludzi. Jaja kurzego są uważane za odpowiedni składnik do fortyfikacji kwasów tłuszczowych omega-3 (Bean and Leeson, 2003; Jia *i in.*, 2008; Kang, 2008; Hayat *i in.*, 2009, 2010a). Przeprowadzono wiele badań nad wzbogacaniem jaj niosek omega-3 w różnych częściach świata, ale głównie w krajach rozwiniętych. Rdzenne badania na ten temat są bardzo ważne, ponieważ dostępność pasz używanych do produkcji jaj projektowych nie jest taka sama w różnych częściach świata, a dostępne lokalnie składniki mogą stanowić szansę na bardziej ekonomiczną produkcję. Jednakże dostępne są bardzo ograniczone informacje na temat projektowanej produkcji jaj i/lub jej wpływu na zdrowie ludzkie i akceptowalności w Pakistanie. Do tej pory tylko jeden z prowadzonych przez nas projektów dotyczył tego bardzo ważnego tematu (Hayat *i in.*, 2009, 2010a, 2010b; 2014).

Jajo Designer jest bogate w kwasy tłuszczowe Omega-3 (lub) n-3, takie jak:

Alfa- Kwas linolenowy (ALA) : C18:3n-3

Kwas eikozapentaenowy (EPA) : C20: 5n-3

Kwas dokozaheksaenowy (DHA) : C22:6n-3

Niestety, środki spożywcze bogate w te n-3 kwasy tłuszczowe, a mianowicie siemię lniane i oleje rybne, mają niepożądany smak i konsystencję, stąd nie są powszechnie lubiane przez ludzi. Można je zaakceptować poprzez włączenie tych korzystnych kwasów tłuszczowych n-3 do jaj.

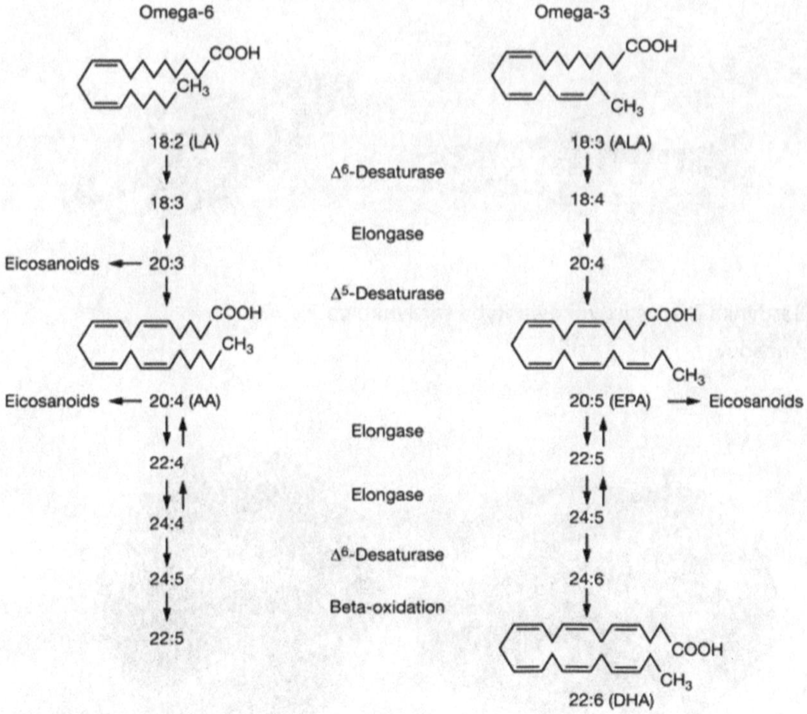

Rysunek (5): Struktura chemiczna kwasów tłuszczowych omega-3 (Linda i Melody, 2011).

Źródła kwasów tłuszczowych omega-3

Ryba Sardynka

Anchovy Fish

Olej rybny

Siemię lniane/nasienie lniane i oleje

Nasiona rzepaku/kanoli i oleje

Proso perłowe

Algi

(Van Elswyk, 1997; Knapp, 1993; Manohar, 2015)

Sardynka Ryba sardynkowa Ryba sardynkowa
Anchovy

R zepak lniany

A   lgi proso perłowe (Pearl Millet Algae)

Rysunek (6): Źródła kwasów tłuszczowych omega-3

Korzyści płynące z kwasów tłuszczowych omega-3

Z wczesnym odkryciem faktu, że kwasy tłuszczowe omega-3 były odpowiedzialne za mniejszą zapadalność na chorobę wieńcową (CHD) w Eskimosie Grenlandzkim, którego podstawową dietą są ryby. Badania przeprowadzone w ciągu ostatnich dziesięcioleci na temat różnych korzyści zdrowotnych płynących z dietetycznych kwasów tłuszczowych omega-3 z olejów rybnych wykazały, że kwasy tłuszczowe omega-3 są niezbędnymi składnikami odżywczymi zarówno dla dorosłych jak i dla dzieci. Dietetyczne kwasy tłuszczowe omega-3 zmniejszają stężenie trójglicerydów osocza, ciśnienie krwi, agregację płytek krwi, zakrzepicę i miażdżycę, szczególnie u chorych na cukrzycę, wzrost nowotworów, choroby skóry i wzmacniają odporność. Potencjalne korzyści zdrowotne n-3 kwasów tłuszczowych w diecie człowieka zwróciły również uwagę i zmieniły kompozycję kwasów tłuszczowych w jajku i tkance tłuszczowej poprzez składniki diety (Singer, 1993; Van Elswyk, 1997).

Wielonienasycone kwasy tłuszczowe Omega-3 są niezbędne w diecie, ponieważ nie mogą być syntetyzowane przez rodzime zwierzęta jednożołądkowe. Kilku naukowców zgłosiło niskie spożycie tych krytycznych składników odżywczych przez człowieka (Leskanich i Noble, 1997; Baucells *i in.*, 2000; Simopoulos, 2000). W ten sposób naukowcy wykorzystali swoją wiedzę do zwiększenia stężenia omega-3 różnych produktów spożywczych (Kris-Etherton *i in.*, 2000; Cherian, 2002; Rymer i Givens, 2005; Whelan i Rust, 2006). Jaja kurzego są uważane za odpowiedni składnik do fortyfikacji kwasów tłuszczowych omega-3 (Bean and Leeson, 2003; Jia *i in.*, 2008; Kang, 2008; Hayat *i in.*, 2009, 2010a). Przeprowadzono wiele badań nad wzbogacaniem jaj niosek omega-3 w różnych częściach świata, ale głównie w krajach rozwiniętych (Kaminska *i in.*, 2001; Ajuyah *i in.*, 2003; Mazalli i in., 2004; Payet *i in.*, 2004; Cherian 2008, 2009). Rdzenne badania na ten temat są bardzo ważne, ponieważ dostępność pasz używanych do produkcji jaj projektowych nie jest taka sama w różnych częściach świata, a dostępne lokalnie składniki mogą stanowić szansę na bardziej ekonomiczną produkcję. Jednakże dostępne są bardzo ograniczone informacje na temat projektowanej produkcji jaj i/lub jej wpływu na zdrowie ludzkie i akceptowalności w Pakistanie. Do tej pory tylko jeden z prowadzonych przez nas projektów dotyczył tego bardzo ważnego tematu (Hayat *i in.*, 2009, 2010a, 2010b).

Jajo wzbogacone kwasem foliowym

Wzrasta świadomość potrzeby zwiększonego spożycia folianu przez ludzi. Zwiększone perykoncepcyjne spożycie tej witaminy przez kobiety zostało wykazane w celu zmniejszenia występowania (Czeizel i Dudas, 1992) i nawrotu (Medical Research Council, 1991) nerwowych wad rur, takich jak rozszczep kręgosłupa, u dzieci. Również zły lub marginalny stan folianów jest związany ze zwiększonym stężeniem homocysteiny aminokwasów siarkowych w surowicy, ze względu na rolę, jaką foliany odgrywają jako kofaktor w remetylacji homocysteiny do postaci metioniny (House *i in.*, 1999). Wykazano, że wzrost poziomu homocysteiny w surowicy jest niezależnym czynnikiem ryzyka rozwoju chorób układu krążenia (Boushey *i in.*, 1995). Dlatego tak ważne jest, aby podjąć wysiłki w celu zapewnienia odpowiedniego spożycia tej witaminy przez ludzi. Termin folian obejmuje szereg różnych rozpuszczalnych w wodzie związków, z których każdy oparty jest na strukturze kwasu foliowego lub pteroylomonoglutaminianu, ale różni się stanem utlenienia i liczbą dodatkowych pozostałości glutaminianu (Selhub i Rosenberg, 1996). Kwas foliowy nie występuje naturalnie, w znacznych ilościach, w żywności. Jednak ze względu na jego stabilność i dostępność handlową, jest to forma, która jest stosowana w suplementach witaminowych, żywności wzbogaconej i premiksów witaminowych. W 1998 r. rządy Stanów Zjednoczonych i Kanady przyjęły przepisy wymagające, aby produkty zbożowe były wzmacniane kwasem foliowym o stężeniu 140 *µg/100* g. Skuteczność tej strategii zwiększania poziomu folianów w surowicy krwi w populacji ogólnej nie została jeszcze w pełni oceniona, chociaż wstępne dowody potwierdzają poprawę stanu folianów w wyniku tej zmiany polityki (Selhub *i in.,* 2000). Jednakże dodatkowe strategie mogą być konieczne w celu zapewnienia, że wszystkie segmenty populacji spożywają odpowiednie ilości folianu, w tym stosowanie suplementów w określonych grupach docelowych (kobiety w wieku rozrodczym), jak również edukowanie konsumentów w zakresie spożywania żywności bogatej w foliany. Jaja zawierają w sposób naturalny 22 *µg* folianu na jedno duże jajo (USDA, 2001), co odpowiada 6% nowo ustalonego dziennego zapotrzebowania dorosłych na folian (Instytut Medycyny, 1998). Zwiększenie zawartości folianu w jajach może sprawić, że jajo stanie się ważnym źródłem żywieniowego folianu i doprowadzi do poprawy akceptacji tego towaru przez konsumentów jako produktu zdrowego.

W świetle dowodów potwierdzających potrzebę zwiększenia ilości spożywanych przez ludzi folianów w diecie, eksperymenty House'*a i wsp.* (2002) zostały przeprowadzone w celu oceny stopnia, w jakim poziom folianu jaj może zostać zwiększony. W badaniu 1 kury otrzymywały dietę na bazie jęczmienia, zawierającą 0 lub 10 mg/kg krystalicznego kwasu foliowego, w celu ustalenia możliwości włączenia folianów do jaj spożywczych. W badaniu 2, 70 kur zostało podzielonych na 7 grup terapeutycznych i otrzymywało diety uzupełnione dietami 0, 1, 2, 4, 8, 16 lub 32 mg kwasu foliowego/kg. W badaniu 3, 64 kury otrzymywały dietę na bazie jęczmienia z lub bez diety 4 mg kwasu foliowego/kg. Jaja zbierano i przechowywano przez 0, 7, 14, 21 lub 28 d, przed oznaczeniem zawartości folianu. Wyniki badania 1 wykazały, że włączenie kwasu foliowego w ilości 10 mg/kg zwiększyło włączenie folianu do żółtka jaj (41,0 ± 0,7 *µg* /egg) w porównaniu z dietą niezupełniającą (17,5 *µg* /egg). W badaniu 2 odpowiedź folianu jaja na suplementację kwasem foliowym była zadowalająca, przy czym 90% maksymalnych poziomów folianu jaja ustalono na około 4mg kwasu foliowego/kg diety. Wyniki badania 3 wykazały, że poziom folianów jest stabilny, w jajach kontrolnych i wzmocnionych, podczas 28 d przechowywania w temperaturze 4 C. Pod względem wartości odżywczej, jedno jajo duże pobrane od kury z dodatkiem kwasu foliowego dostarczyło około 12,5% zalecanej dawki pokarmowej (RDA) dla dorosłych ludzi (RDA = 400 mg/d).

Witamina E wzbogacone jajo

Zawartość witaminy E w żółtku może być zwiększona 18-krotnie i, ogólnie rzecz biorąc, zawartość witaminy E w jajach jest wrażliwa na zmiany w diecie. Stwierdzono również, że ma na nią wpływ zmienność osadzania, rodzaj i poziom tłuszczu i oleju, a także wysokie temperatury i źródło selenu. DSM oferuje szeroki wachlarz rozwiązań witaminowych, które, jak udowodniono, poprawiają produkcję jaj, wydajność i stan odżywienia. W tym kontekście wytyczne DSM Optimum Vitamin Nutrition (OVNTM) oferują perspektywiczne wsparcie w zakresie suplementacji, aby umożliwić producentom zwierząt gospodarskich i jaj podawanie zwierzętom odpowiednich ilości witamin w celu optymalizacji zdrowia i wydajności w ramach specyficznych potrzeb etapu życia i warunków wzrostu.

Zostały wyprodukowane jaja projektowe, które zawierają wyższe stężenia kilku witamin. Dwie witaminy, A i E, cieszą się największym zainteresowaniem jako składniki jaj projektantów. Zawartość witamin w jajku jest zmienna i w pewnym stopniu zależna od koncentracji w diecie każdej specyficznej witaminy. Ponadto kura nie przenosi różnych witamin do jajka z równą wydajnością. Z tego powodu wydajność transferu witamin i koszt tej witaminy muszą być brane pod uwagę przy określaniu ekonomicznej wykonalności obrotu takimi jajami. Jaja wyższe w witaminie E są obecnie dostępne w sklepach.

Witamina E (Wit. E) to doskonały przeciwutleniacz łamiący łańcuch biologiczny w błonach biologicznych, który zapobiega powstawaniu wolnych rodników, indukujących uszkodzenia oksydacyjne poprzez wychwytywanie reaktywnych rodników tlenowych (Packer, 1991). Drób nie może syntetyzować witaminy E, dlatego zapotrzebowanie na nią musi być zaspokajane ze źródeł żywieniowych. Wprowadzanie witaminy E do diety drobiu wykazało, że zapewnia ona stabilność oksydacyjną i podnosi jakość jaj oraz ogranicza rozwój smaków pozapachowych przy jednoczesnym zwiększeniu produkcji jaj (Cherian *et al.,* 1996a,b).

W powszechnej praktyce wzbogacania żółtka jaj witaminami i minerałami podczas procedury produkcji jaj projektowych ważne miejsce zajmuje wzbogacanie w witaminę E i selen. Wzbogacając się o te witaminy i minerały producenci oczekują pozytywnego wpływu na zdolność antyoksydacyjną żółtka jaj, ponieważ witamina E i selen odgrywają ważną rolę w procesach antyoksydacyjnych. Oczekuje się również, że ich zwiększona ilość w paszy i ich transfer w żółtku jaj inicjuje zwiększenie zawartości nadtlenków glutationu w żółtku, który jest jednym z najskuteczniejszych enzymów antyoksydacyjnych (SeGSH-Px). W eksperymencie z rodzicami brojlerów karmionych wyższą zawartością witaminy E (40, 100, 200 mg/kg paszy) i selenu (0,2 i 0,4 mg/kg paszy) oraz ich połączeniem wzrosła zawartość witaminy E i Se w jajach, a także zaobserwowano wzrost stężenia glutationu w wątrobie kurczaka. W pozostałych badaniach stwierdzono wyższe stężenie witaminy E w jajach kur karmionych wzbogaconą witaminą E w paszy jako: - w zwykłych jajach stwierdzono 2 mg witaminy E/100g żółtka, ale w wzbogaconym

jaja, 8 mg, Na podstawie tych i innych badań stwierdzono możliwość przeniesienia wspomnianej witaminy w żółtku i produkcji jaj projektowych wzbogaconych witaminą E. Te rodzaje jaj należą do kategorii funkcjonalnych produktów spożywczych w żywieniu człowieka. Wszystko to daje do myślenia, że przeniesienie witaminy E i niektórych innych substancji z paszy do żółtka jest możliwe i daje możliwość produkcji jaj projektowych.

Wzbogacanie żółtka jaj w witaminę E, w przemyśle produkcji jaj, jest bardzo popularne ze względu na jego właściwości antyoksydacyjne u ludzi. Niewiele jest jednak badań nad przenoszeniem witaminy E w żółtku jaja podczas drugiego cyklu produkcyjnego z wykorzystaniem starych (80 tygodni) stopionych warstw. Badania te były ważne dla gospodarstw produkujących jaja ze względu na znaczenie utrzymania jakości jaj i poprawy ich cech funkcjonalnych. W tym celu jako grupę kontrolną zastosowano paszę podstawową z 30 mg witaminy E/kg i 0,3 mg selenu/kg. Kury z grup doświadczalnych były karmione wyższą zawartością witaminy E w dwóch kombinacjach: 1. - 100 mg witaminy E/kg paszy i zawartość selenu 0,3, 0,38 i 0,46 mg/kg oraz 2. - 230 mg witaminy E/kg paszy i zawartość selenu 0,3, 0,38 i 0,46 mg/kg. Stężenie witaminy E w żółtku wzrastało liniowo od 1,62 mg/żółtko w grupie kontrolnej, na 2,90 mg/żółtko w grupie doświadczalnej kur, gdzie zawartość witaminy E została wzbogacona do 100 mg witaminy E/kg paszy i na 5,58 mg witaminy E/żółtko, gdy ilość witaminy E w paszy została zwiększona do 230 mg/kg. Wyższa zawartość witaminy E w paszy dla kur wykazuje tendencję do zwiększania produkcji jaj i intensywności ich znoszenia. Podobna tendencja została zauważona przy wzroście zawartości selenu w paszy (Gjorgovska *i in.,* 2011).

Badanie zostało przeprowadzone przez Meluzzi *i wsp.* (2000) w celu zbadania możliwości wzbogacenia jaj w kwas tłuszczowy n-3 i witaminę E dodawaną do diety kury. Sto dziewięćdziesiąt dwa kury rasy Hy-Line Brown, 39-wieczne, podzielono na osiem grup: cztery grupy otrzymały dietę podstawową uzupełnioną 3% smalcem i cztery dawki octanu dl-alfa-tokoferolu (0, 50, 100 i 200 ppm), natomiast diety pozostałych grup uzupełniono 3% olejem rybnym i takimi samymi dawkami witaminy E. Na wyniki kur i masę jaj nie miał wpływu ani rodzaj suplementu lipidowego, ani poziom witaminy. Leczenie olejem rybnym spowodowało dramatyczny wzrost ($P<0.01$) wszystkich n-3 kwasów tłuszczowych z żółtka, zwłaszcza EPA (19.53 vs. 0.74 mg/egg) i DHA (143.70 vs. 43.66 mg/egg), oraz znaczny spadek kwasu arachidonowego (25.54 vs. 67.72 mg/egg). Różne poziomy witaminy E w diecie wpływały nieznacznie na skład kwasów tłuszczowych w żółtku. Ilość żółtka alfa-tokoferolu wzrastała liniowo wraz ze wzrostem zawartości octanu dl-alfa-tokoferolu w diecie kur ($P < 0,01$) z poziomu kontrolnego 90,93 mikrog/g żółtka do 313,84 mikrog/g żółtka po dodaniu do diety 200 ppm. Dwadzieścia osiem dni przechowywania w temperaturze pokojowej (20-25 C) nie zmieniło profilu kwasu tłuszczowego w żółtku, a co więcej, poziom witaminy E pozostawał nadal bardzo zbliżony do obserwowanego w świeżym jajku.

Badanie Chitra *i in.* (2016) zostało przeprowadzone w celu oceny poziomu alfa-tokoferolu i selenu w przepiórczym jaju japońskim. Próba ta została przeprowadzona u dwustu dziesięciu samic przepiórek japońskich w wieku od siedmiu do dwudziestu sześciu tygodni. Ptaki doświadczalne zostały losowo podzielone na siedem grup, czyli T1-Kontrola: Dieta podstawowa (standardowa racja żywnościowa dla przepiórek japońskich), dieta T2-Basal z witaminą E 150 mg/kg, dieta T3-Basal z witaminą E 300 mg/kg, dieta T4-Basal z selenem 0,3 mg/kg, dieta T5-Basal z selenem 0,6 mg/kg, dieta T6-Basal z kombinacją witaminy E 150 mg/kg i selenu 0,3 mg/kg, T7- Dieta podstawowa z kombinacją witaminy E i selenu 0,6 mg/kg. W okresie znoszenia jaj dane dotyczące produkcji jaj w kurnikach oraz produkcji jaj w dniu kury wykazały znaczny wzrost produkcji jaj z 7 do 26 tygodnia życia poprzez suplementację witaminą E i selenem w przepiórce japońskiej. Suplementacja diety połączeniem witaminy E 300 mg/kg i 0,6 mg/kg selenu wykazała istotne wzbogacenie alfa-tokoferolu i poziomu selenu w przepiórczym jaju japońskim.

Witaminy A, D3 i z grupy B wzbogacone w jaja

Badania wykazały bezpośredni związek pomiędzy paszą a zawartością witamin w jajach. Złożoność chemiczna witamin, ich wchłanianie i cechy charakterystyczne dla przechowywania ciała, jak również biologiczne zróżnicowanie właściwe dla kur, powodują, że transfer paszy do jaj odbywa się ze znacznym zróżnicowaniem. Podczas gdy jaja są wysoce odżywczym źródłem pożywienia, zarówno wydajność kur niosek, jak i zawartość składników odżywczych w ich jajach są funkcją spożycia przez kurę. Dla kur niosek optymalnie wzbogacona dieta z mikroelementami poprawia produkcję jaj na wiele sposobów, w tym zwiększa wydajność jaj, poprawia ich masę, procentowy udział w znoszeniu i zwiększa wydajność paszy. W przypadku wielu mikroelementów, zawartość jaja szybko reaguje na zmiany w diecie, a wydajność transferu, z paszy do jaja, zależy od mikroelementu. W jajach witaminy rozpuszczalne w tłuszczach A, D, E i K mogą być kilkakrotnie zwiększone, z prawie 300-krotnym wzrostem witaminy D3.

Odkładanie się podwyższonej witaminy A następuje przy 2-4 krotnym lub większym wzroście żółtka jaja. Uzupełnione 16.000 IU/kg paszy, kury produkowały żółtka z ponad dwukrotnie większą ilością niż kury karmione witaminą A w NRC. Badanie przeprowadzone w 2003 r. wykazało 36,6 i 53,3% wyższy poziom retinolu żółtkowego dla kur, uzupełnionego o 15.000 i 30.000 IU witaminy A/kg paszy.

Witamina D3 w jajach jest bardzo zróżnicowana, ponieważ żółtka jaj są szczególnie wrażliwe na tę witaminę. Na przykład, badania wykazały 7-krotne zwiększenie zawartości witaminy D3 w żółtku podczas karmienia 4 do 5 razy więcej witaminy D3 niż jest to typowe.

Produkty drobiowe w znacznym stopniu przyczyniają się do spożycia witamin przez konsumentów. Jaja są jednym z najbardziej popularnych produktów spożywczych codziennego użytku i naturalnie zawierają większość uznanych witamin (witaminę A, witaminę D, witaminę E i witaminę B), z wyjątkiem witaminy C. Poprawa wartości odżywczej jaj może mieć bezpośredni pozytywny wpływ na dzienne spożycie składników odżywczych, a w konsekwencji na zdrowie człowieka (Nys and Sauveur, 2004). Jaja wzbogacone witaminami są atrakcyjne jako nośnik, który może dostarczyć konsumentom związków, które mogą być korzystne dla zdrowia lub przezwyciężyć brak równowagi żywieniowej. Podobnie jak wiele innych składników odżywczych, poziom witamin zawartych w paszy wpływa bezpośrednio na odkładanie się witamin w jajach (Naber i Giermkowie, 1993). Na stężenie witamin wpływa genetyka, tempo produkcji jaj i, podobnie jak w przypadku kwasów tłuszczowych, zmienia się ono w zależności od składu diety kur (Naber, 1993; Leeson i Caston, 2003). Przy umiarkowanym wzbogaceniu witamin zgodnie z zaleceniami dotyczącymi fortyfikacji żywności, jaja mogłyby odgrywać ważną rolę jako żywność funkcjonalna. Liczne istotne dane związane ze wzbogacaniem jaj w witaminę poprzez strategie żywieniowe są obecnie prezentowane, ze szczególnym uwzględnieniem witamin rozpuszczalnych w tłuszczach E, A, D, ale także witaminy B12 i kwasu foliowego. Naber (1993) podsumował swoje ustalenia, klasyfikując efektywność transferu witamin z diety kur do jaj, która była bardzo wysoka dla witaminy A; wysoka dla ryboflawiny, kwasu pantotenowego, biotyny i witaminy B12; średnia dla witaminy D3 i E; i niska dla witaminy K, tiaminy i folacin; jednak łączny wpływ premiksu witaminowego na odkładanie się witamin w jajach są rzadko zgłaszane. Dlatego też celem niniejszej pracy było zbadanie możliwości zwiększenia akumulacji witamin w jajach poprzez ich suplementację w komercyjnych dietach dla kur niosek oraz określenie wpływu tych witamin na parametry jakościowe jaj.

Zang *et al.* (2011) przeprowadzili eksperyment mający na celu ocenę wpływu różnych dietetycznych kombinacji witamin na jakość jaj i stężenia witamin w jajach komercyjnych kur niosek. Łącznie 1800 25-tygodniowych kurek Lohman w różowej skorupce zostało losowo przypisanych do czterech dietetycznych zabiegów witaminowych w następujący sposób: Poziom NRC(1994), poziom NRC(1994) z Hy.D® (25-hydroksy-cholekalcyferol), poziom lokalny (obecny średni poziom w przemyśle w Chinach) i poziom OVN® (optymalny poziom odżywiania witaminami), z 10 replikami na jeden zabieg i 45 warstwami na replikę. Kury były trzymane w komercyjnych klatkach dla niosek z trzema ptakami na klatkę i otrzymały dostęp *ad libitum* do paszy. Wyniki wykazały, że kury, które otrzymywały wzmocnione poziomy witamin w leczeniu OVN®, miały istotnie ($p<0,05$) mniejszą liczbę popękanych (0,47%) i brudnych jaj (0,27%) oraz zwiększone odkładanie się w jajach witaminy B12, kwasu foliowego, witaminy A, witaminy D, 25-OH-D3, witaminy E, witaminy B1, biotyny i pantotenianu ($p<0,05$). Zabiegi nie miały znaczącego wpływu na wskaźnik kształtu jaja, ciężar właściwy jaja, jednostki Haugha i grubość skorupki jaja. Kury karmione kombinacją NRC-Hy.D® doświadczyły również znacznego spadku liczby popękanych i brudnych jaj (odpowiednio 0,70% i 0,44%) oraz zwiększonego osadzania 25-OH-D3 w porównaniu z leczeniem NRC. Wyniki niniejszych badań sugerują, że leczenie miejscowe było w stanie poprawić parametry jakościowe jaj kur niosek, ale zaowocowało większą ilością popękanych i brudnych jaj. OVN® zmniejszył liczbę jaj pękniętych i brudnych oraz poprawił odkładanie się kilku witamin w jajach. Dzięki dodaniu Hy.D®

poprawiono również wytrzymałość skorupki jaja i odkładanie się 25-OH-D3 w jajach, a także zmniejszono liczbę pękniętych i brudnych jaj.

Jajo wzbogacone w selen

Skorupka zawiera większość minerałów w jajku. W skorupie znajduje się około 2.200 mg wapnia i 20 mg fosforu. Niewiele udało się zmienić zawartości wapnia i fosforu w albuminach i żółtku. Możliwe jest jednak zwiększenie zawartości selenu, jodu i chromu. Zostało to zrobione poprzez suplementację diety kury. Te trzy minerały są ważne dla zdrowia ludzkiego. W związku z tym pojawiło się pewne zainteresowanie promocją tych jaj jako jaj projektowych. Takie produkty nie pojawiły się jednak jeszcze na rynku amerykańskim.

Selen (Se) jest niezbędnym pierwiastkiem śladowym, który jest niezbędny do prawidłowego funkcjonowania organizmu, a tym samym odgrywa kluczową rolę w utrzymaniu optymalnego stanu zdrowia. Obecnie zalecany przez USA i Kanadę dodatek żywieniowy (RDA) dla dorosłych ludzi wynosi 55 µg/d (Instytut Medycyny, 2000). Zalecenie to opiera się na ilości przyjmowanej w diecie Se wymaganej do maksymalizacji aktywności peroksydazy glutationowej osocza. Istnieją jednak dowody na to, że większe dawki pokarmowe Se w zakresie od 100 do 300 µg/d mogą przynieść potencjalne korzyści zdrowotne (Finley, 2007; Fisininin *et al.*, 2009; Schrauzer, 2003; Schrauzer i Surai, 2009). Schrauzer (2009) zasugerował, że optymalne spożycie Se dla osób dorosłych wynosi od 250 do 300 µg/d, co wymaga zwiększenia spożycia Se o 100 do 200 µg/d w przypadku większości diet północnoamerykańskich. To zwiększone spożycie Se może być osiągnięte poprzez suplementację lub poprzez spożycie żywności wzbogaconej o S. Należy zauważyć, że chociaż Se jest niezbędnym składnikiem odżywczym, jego nadmierne spożycie może mieć toksyczne skutki. Optymalna dawka spożycia nasion zaproponowana przez Schrauzera (2009 r.) jest jednak niższa niż poziom, przy którym nie występują działania niepożądane, wynoszący 800 µg/d, zaproponowany dla Kanady i Stanów Zjednoczonych (Instytut Medycyny, 2000 r.).

W kilku badaniach badano możliwość wzbogacenia zawartości Se w różnych produktach żywnościowych, w tym w jajach. W rzeczywistości wykazano, że jaja są skutecznym środkiem do uzupełniania diety Se. Zawartość Se w jajach jest łatwo manipulowana, gdy kury są karmione organicznymi formami Se (tj. selenometioniną). Jaja wzbogacone selenem okazały się dobrym źródłem Se dla ludzi (Surai *i in.*, 2007). Co więcej, w wielu krajach i kulturach jaja są tradycyjną i niedrogą żywnością; dlatego też jaja wzbogacone powinny być naprawdę akceptowalne.

W większości badań dotyczących wzbogacania jaj Se zastosowano diety dla kur zawierające tylko od 0,3 do 0,5 µg Se/g diety, co jest obecnie dopuszczalnym limitem w większości jurysdykcji. Kury karmione ekologicznymi źródłami Se na tych poziomach produkują jaja zawierające od 10 do 29 µg Se, lub od 18 do 53% RDA USA i Kanady (Moksnes, 1983; Paton *i in.*, 2002; Payne *i in.*, 2005; Chantiratikul *i in.*, 2008). W odniesieniu do sugestii Schrauzera (2009), że dorośli ludzie powinni spożywać około 250-300 µg Se/d, aby dana osoba mogła otrzymać dodatkowe 100-200 µg dietetycznych Se/d, należałoby spożywać 2 jaja zawierające 50-100 µg Se każde. Wymagałoby to karmienia kur dietą zawierającą ponad 1 µg Se/g diety (Moksnes, 1983; Payne *i in.*, 2005; Vukasinovic *i in.*, 2006; Chantiratikul *i in.*, 2008). Jednakże, biorąc pod uwagę stosunkowo niewielką liczbę badań przeprowadzonych z wykorzystaniem tych dietetycznych poziomów oraz widoczną międzybadaniową zmienność w se jaja, konieczne są dalsze prace w celu lepszego opisania reakcji zawartości se jaja na wysokie spożycie se.

De Lange i Elferink (2005) założyli, że za pomocą organicznego selenu można produkować jaja wzbogacone o 0,50 mg Se na kg zawartości jaj lub około 30 mg na jajo. Takie wzbogacone jajko dziennie może zaspokoić połowę dziennego zapotrzebowania na selen dla dorosłych mężczyzn i kobiet. Z organicznym selenem z Sel-Plex poziomy Se- w jajach analizowane w tym badaniu bardzo dobrze odpowiadają wartościom przewidywanym przez równanie Patona *i wsp.* (2000), jak pokazano na rysunku (7).

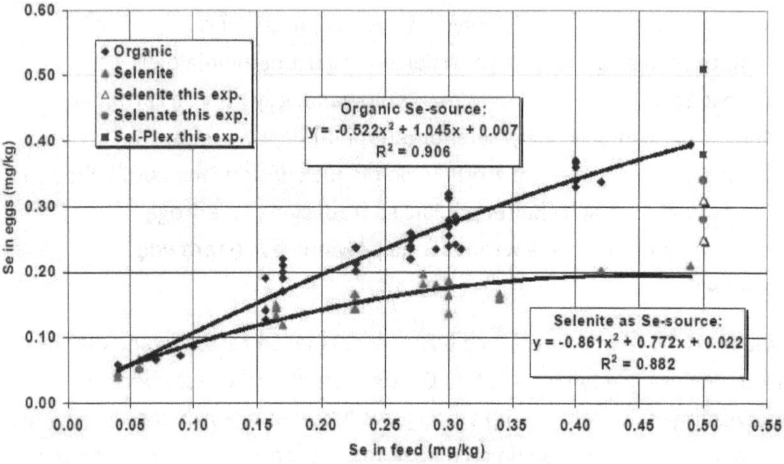

Rysunek (7): Związek pomiędzy zawartością Se- w paszy i jajach (Paton *i in.* , 2000)

The cel Bennett i Chang (2010) być the skutek wysoki dietetyczny ekologiczny Se poziom na produkcja, jajko masa, i jajko Se poziom. Zostały one ocenione poprzez karmienie 3 ras kur niosek (Barred Plymouth Rock, Lohmann Brown, Lohmann White) podstawową dietą zawierającą 0.3 µg Se/g diety jako Na2SeO3. Do tej diety dodano drożdże Se (SelenoSource AF 600), organiczne źródło Se, w ilości 1,0, 2,4, lub 5,1 µg Se/g diety przez 4 wk. Na spożycie paszy, produkcję jaj i masę jajeczną nie miało wpływu stężenie w diecie Se we wszystkich 3 rasach. W zakresie poziomów Se stosowanych w diecie kur niosek, zawartość jaja Se wzrastała liniowo wraz ze wzrostem poziomu Se w diecie. Wyniki tego badania wskazują, że karmienie do 5,1 µg/g Se nie będzie miało wpływu na produkcję jaj i dobrostan kur niosek i jest praktycznym sposobem produkcji jaj wzbogaconych w S dla konsumentów.

Jajo wzbogacone o cynk

Cynk odgrywa znaczącą rolę w organizmie prawdopodobnie dlatego, że jest kofaktorem ponad 200 enzymów. Jedna z najważniejszych funkcji cynku jest związana z jego antyoksydacyjną rolą i udziałem w systemie obrony antyoksydacyjnej (Powell, 2000). W dwóch badaniach, kury karmione bardzo wysokim poziomem cynku (dieta 1762 lub 1861 µg Zn/g) przez 4 do 40 tygodni produkowały jaja, które zawierały 57-90% więcej cynku niż jaja produkowane przez kury karmione dietami kontrolnymi (28 lub 26 µg Zn/g). Kury karmione wysokim poziomem cynku (218 lub 257 µg Zn/g diety) produkowały jaja, które zawierały aż 25% więcej cynku niż jaja produkowane przez kury karmione dietami kontrolnymi. Spożycie nadmiaru cynku nie miało spójnego wpływu na zawartość żelaza lub miedzi w jajach ani na zawartość cynku w skorupkach jaj (James *i in.,* 1988).

Bahakaim *i in.* (2014) porównali dwa rodzaje cynku, cynk nieorganiczny jako siarczan cynku (ZnSo4 7H2O) i cynk organiczny jako metioninę cynku, aby uzyskać poziom stężenia 0.0, 50, 100 i 150 mg cynku uzupełniającego/kg diety w celu zbadania wpływu różnych poziomów i źródeł cynku w diecie oraz ich interakcji na stężenie cynku w jajach, a badaczka stwierdziła, że uzupełnienie diety kur niosek o 150 mg cynku jako metioniny cynku/kg diety dało jaju wzbogacone w cynk, które mogło dostarczyć 19,45 % dziennego zapotrzebowania na cynk dla dzieci od 1-8 roku życia oraz dodatkowo dało postęp w wydajności produkcyjnej kur niosek (tabela 10).

Tabela (10): Zawartość cynku w jajach (mg /100 g jaja) w zależności od poziomu i źródła suplementacji cynku oraz ich wzajemnego oddziaływania

Pozycja	Poziomy	cynku	mg/kg	Dieta			Źródło:	cynku	
	Kontrola	50	100	150	±SEM	Sig	Nieorganiczny	Organiczny	Sig
Zawartość cynku jajecznego	1.25d	1.38c	1.84b	2.18a	±0.055	**	1.61b	1.71a	**
			Interakcja						
Pozycja	Nieorganiczny	cynk	mg/kg	Dieta	Organiczny	cynk	mg/kg	Dieta	
	Kontrola	50	100	150	Kontrola	50	100	150	Sig
Zawartość cynku jajecznego	1.19f	1.22f	1.91c	2.13b	1.31e	1.54d	1.77d	2.23a	**

Zaobserwowano antagonizm minerałów, Skrivan *i in.* (2005) odnotowali antagonizm Zn-Cu, osadzanie się Zn w żółtku zostało znacznie zmniejszone przez dodanie Cu i odwrotnie.

Wzbogacenie Zn w żółtko jaj przepiórczych wzrosło, gdy ptaki otrzymywały diety uzupełnione 80, 120 i 160 mg/kg Zn w porównaniu z grupą kontrolną (P<0,05). Przepiórki uzupełnione 80, 120 i 180 mg/kg Zn miały silniejsze skorupki jaj niż te karmione dietą kontrolną, natomiast grubość skorupki była mniejsza u ptaków uzupełnionych 0 i 40 mg/kg Zn (Aghaei i *in.*, 2017).

Jajo wzbogacone o żelazo

Park *et al.* (2004) zaobserwowali, że zawartość żelaza w jajach została zmaksymalizowana w 10-15 dni po podaniu paszy uzupełniającej. Fe-chelat metioniny był najskuteczniejszym źródłem wzbogacania Fe jaj, a następnie Availa-Fe炏i FeSO4. Podniesienie dodatkowego poziomu Fe ponad 100 ppm nie było skuteczne w leczeniu chelatem metioniny Fe- i Availa-Fe炏 Średnie wzbogacenie paszy o 18% osiągnięto po podaniu Fe-Metioniny-100 przez 15 dni. Stwierdzili oni, że wzbogacenie paszy w jajach można osiągnąć poprzez suplementację Fe-Metioniny-100 przez 15 dni, jak pokazano na rysunku (8).

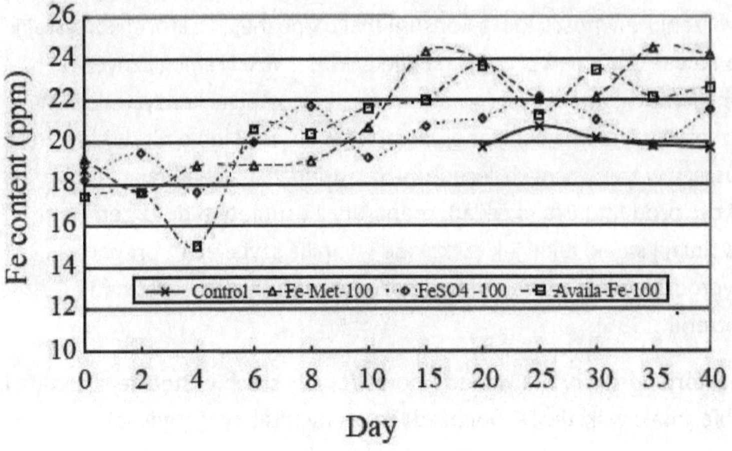

Rysunek (8): Zmiana zawartości Fe w żółtku jaja o czas suplementacji żelaza.

Skrivan *et al.* (2005) stwierdzili, że suplementacja diety podstawowej Fe zwiększyła stężenie Fe w żółtku i białku jaj odpowiednio o 6,3 i 2,2%.

Połączenie Fe z Zn i Cu zwiększyło jednak stężenie Fe w żółtku i białku odpowiednio o 36,7 i 34,9%.

Nehad *et al.* (2010) stwierdzili, że najwyższe stężenie żelaza w jajach zaobserwowano u kur (egipski szczep lokalny) w wieku 24 tyg.) karmionych dietą uzupełnioną o 200 Mg Fe/kg w połączeniu z Cu i Zn. Następnie osoby karmione 100 mg paszy/kg, przy czym te same poprzednie elementy wynoszą odpowiednio 3,85 i 3,59 mg/100 gm jaja.

Jajko smakowe

Jaja zawierają więcej niż 100 lotnych składników smakowych, wyniki końcowe mogą być opisane jako łagodne lub nijakie. Jednak żółtka jaj zawierają tłuszcze, które mogą przenosić i pomagać w uwalnianiu smaków innych składników w ramach danej receptury. W rzeczywistości, to właśnie ta zdolność do przenoszenia innych smaków pomaga w tworzeniu żywności, którą konsumenci rozpoznają i z której korzystają, ponieważ tłuszcze wpływają na wiele właściwości reologicznych i sensorycznych, takich jak smak, odczucie w ustach i konsystencja. W przypadku wersji o obniżonej zawartości tłuszczu lub o niskiej zawartości tłuszczu w tradycyjnych recepturach trudno jest naśladować tradycyjną jakość produktu. Na przykład, preparaty z usuniętym tłuszczem uwalniają smaki takie jak czekolada i wanilia szybciej niż preparaty wyprodukowane z tradycyjnym poziomem tłuszczu (Stadelman i Cotterill, 1995).

Niektóre posiłki rybne w diecie powodowały stęchłe, stęchłe, zjełczałe i rybie smaki w ikrze. Te niepożądane cechy nasilały się, gdy jaja były przechowywane przez 4 tygodnie w temperaturze 10°C. Jaja produkowane na początku cyklu znoszenia jaj były lepsze w smaku od tych, które zostały złożone 5 miesięcy później. Jaja z ptaków karmionych mączką z morszczuka były generalnie oceniane jako mniej akceptowalne smakowo niż jaja wyprodukowane z równym poziomem mączki śledziowej z Kolumbii Brytyjskiej (B.C.) w racji żywnościowej. Zastosowanie kanadyjskiej mączki śledziowej z Atlantyku (Nowa Szkocja, Nowa Fundlandia) spowodowało, że jaja miały niższą (P = 0,05) ocenę smakową niż mączka śledziowa z B.C.. Dziesięć procent mączki rybnej powodowało niepożądany smak jaj, z wyjątkiem sytuacji, gdy peruwiańska mączka sardeli była podawana na początku cyklu znoszenia jaj w Serii II-A. Porównanie wpływu 5% poziomów niektórych mączek rybnych i ich olejów na poziomie stwierdzonym w posiłkach wskazuje, że przyczyna budzącego zastrzeżenia smaku nie jest zawarta w szczególności w oleju rybnym. Wyższy poziom (1,5%) oleju skutkował jednak jajami pozapachowymi, zwłaszcza gdy podawano peruwiański olej sardeli (Koehler i Bearse, 1975; Stadelman i Cotterill, 1995).

Bolukbasi *i in.* (2010) przeprowadzili badanie w celu zbadania wpływu suplementacji diety olejem z bergamotki (*Citrus bergamia*) (0, 0,5, 1,0, 1,5 ml/kg) na wydajność, jakość jaj i skład kwasów tłuszczowych żółtek jaj kur niosek. Wyniki wykazały, że dodatek oleju bergamotowego zmniejszył proporcje n-6/n-3 kwasów tłuszczowych omega 3 w żółtku jaj oraz zwiększył stosunek DHA i n-3 w żółtku jaja. Można stwierdzić, że dodatek oleju bergamotowego, zwłaszcza w dawce 1,5 ml/kg, miał pozytywny wpływ na wartości wydajności i kryteria jakościowe jaja ze względu na pozytywny wpływ aromatu bergamotki.

Przeprowadzono badania w celu zbadania potencjału czosnku w proszku (GP) w poprawie wydajności produkcji, jakości jaj. Ocena organoleptyczna jaj od ptaków leczonych wykazała silny smak czosnkowy w jajach z grupy 5% GP w porównaniu z grupą kontrolną i 3% GP. Wyniki tego badania sugerują, że dietetyczny GP poprawił wagę jaj i jakość białka o silnym smaku czosnku przy wysokim poziomie żywienia (Olobatoke i Mulugeta, 2011).

Nowatorskie badania w Iraku i na świecie, Al-Shadeedi i Hamad w celu wyprodukowania jaja o smaku designerskiego poprzez zastosowanie różnych stężeń dwóch rodzajów aromatów spożywczych stosowanych w paszy, pierwszym jest wanilia, a drugim smak pomarańczowy, jak również poprawa niektórych z jakościowej i sensorycznej oceny jaj produkowanych z japońskich przepiórczych ptaków. Zwierzęta zostały Po pierwsze: :podzielone na pięć grup, po dwie repliki dla każdej z nich Grupa kontrolna (bez dodatku), Po drugie: dodano 1% aromatu trzecie: dodano 0,5% aromatu waniliowego Po czwarte: Po .waniliowego piąte: dodano 0,5% smaku Po .dodano 1% aromatu pomarańczowego Wyniki wykazały, że nie ma statystycznie istotnych .pomarańczowego różnic w cechach jakościowych jaj produkowanych w pierwszych trzech miesiącach okresu produkcji jaj, które obejmowały procentową zawartość żółtka, procentową zawartość albuminy, procentową zawartość skorupki, wysoką zawartość albuminy, jednostkę Haugha i indeks żółtka. Nie stwierdzono istotnych różnic pomiędzy wszystkimi parametrami oceny sensorycznej jaj we wszystkich grupach badanych, które obejmowały ogólną akceptowalność, wygląd i smak w pierwszym i drugim okresie badania. W trzecim okresie występowały istotne różnice (P<0,01) w smaku, które były największe jak w grupie drugiej i czwartej w porównaniu do wszystkich pozostałych grup, w tym grupy kontrolnej. Jeśli chodzi o cechy wyglądu i ogólną akceptację, nie zaobserwowano istotnych różnic pomiędzy wszystkimi grupami zabiegowymi. Z drugiej strony, wyniki czwartego okresu badań wykazały, że nie było istotnych różnic pomiędzy wszystkimi grupami pod względem wyglądu i ogólnych cech akceptacji, z wyjątkiem smaku i barwy żółtka, które wykazały istotne różnice. Jednak w piątym okresie doświadczenia wykazano istotne różnice w cechach akceptacji, gdy druga grupa wykazywała wyższą znaczącą (P<0,01) wartość (2,45) w porównaniu do wszystkich pozostałych grup. W międzyczasie, pierwsza grupa (kontrola) wykazała niższą wartość znaczącą (2,06) w porównaniu do wszystkich pozostałych grup. Podczas gdy cecha wyglądu nie wykazała istotnych (P ≥0,01) różnic we wszystkich grupach badanych. Jednakże odpowiednio druga i czwarta grupa wykazały wyższy odsetek w porównaniu z pozostałymi grupami, co zbiegło się w czasie ze znaczną zmianą smaku, co wynikało z obserwacji badaczy, którzy wykazali obecność zarówno dodanych smaków (waniliowy i pomarańczowy), jak i każdego z nich w zależności od jego grupy (tabela 11). Podsumowując, naukowcy sugerują możliwość produkcji jaj konsumpcyjnych z japońskich ptaków przepiórczych, o smaku waniliowym i/lub pomarańczowym, poprzez dodanie odpowiednio 0,5% lub 1% tego handlowego środka aromatyzującego do .diety ptaków

Tabela (11): Ocena sensoryczna gotowanych jaj aromatyzowanych.

Parametry	Kontrola	Aromat waniliowy (1,0%)	aromat waniliowy (0.5%)	Aromat pomarańczowy (1.0%)	Aromat pomarańczowy (0.5%)
Akceptowalny	2.06 ±0.08 B	2.45 ±0.14 A	2.23 ±0.11 AB	2.13 ±0.09 AB	2.36 ±0.11 AB
Wygląd	1.99 ±0.20	1.93 ±0.19	1.99 ±0.12	2.00 ±0.13	2.05 ±0.14
Flavor	1.90 ±0.23 B	2.72 ±0.06 A	2.12 ±0.16 B	2.70 ±0.17 A	2.36 ±0.16 AB
Zmiana smaku	—	+	+	+	+
Zmiana koloru	—	+	±	+	±

Stabilność oksydacyjna jaj projektowych n-3 w różnych metodach gotowania

Obecnie powszechnie spotyka się jaja projektantów z podwyższonym poziomem niektórych korzystnych składników odżywczych, takich jak n-3 wielonienasycone kwasy tłuszczowe (PUFA), selen i witamina E. N-3 PUFA zwiększają odpowiedź przeciwciał, uczenie się przestrzenne i pamięć w porównaniu z n-6 PUFA (Hajjar *i in.*, 2012; Hintze *i in.*, 2016) i stosunek n-6/n-3 jest coraz częściej stosowany jako wskaźnik w żywieniu funkcjonalnym. Jednakże stabilność PUFA w stosunku do widelca oraz stosunek n-6/n-3 są niejasne i różnią się w zależności od produktu. Wiadomo, że stabilność oksydacyjna zawartości PUFA w jajach jest niestabilna (Pereira *i in.*, 2011; Meynier *i in.*, 2014). Ogólnie rzecz biorąc, im więcej wiązań podwójnych posiadanych przez n-3 i n-6, tym większa niestabilność cieplna i szybkość utleniania kwasów tłuszczowych (Torres -Giner *i in.*, 2010).

Poprzednie badania przeprowadzone przez Van Elswyk *i wsp.* (1992) wykazały, że krótkie gotowanie i jajecznica na wolnym ogniu nie miały znaczącego wpływu na profile kwasów tłuszczowych jaj wzbogaconych w kwas n-3. Jednakże Murica *i wsp.* (1999) zgłosili, że gotowanie jaja metodą długiego gotowania, jajeczkowania i mikrofalowania miało negatywny wpływ na profil kwasów tłuszczowych i zawartość witaminy E. Ostatnio Ren *i in.* (2013) wykazali, że stosunek n-6/n-3 zwiększył się tylko w jajach ugotowanych przez smażenie, a nie gotowanie. Douny *i wsp.* (2015) nie zaobserwowali jednak istotnego wpływu gotowania na twardo i jajecznicy na zawartość PUFA i kwasu tłuszczowego n-3 w jajach. W odpowiedzi przemysł jajczarski produkował jaja o większej stabilności oksydacyjnej, wzmacniając je witaminą E, selenem, glonami pochodzącymi z PUFA lub pasteryzacją. Chociaż fortyfikacja jaj poprawiła stabilność oksydacyjną świeżych jaj (Bourre i Galea, 2006; Mohiti-Asli *i in.*, 2008), nie jest jasne, czy chroni ona zawartość PUFA w gotowanych jajach, jako końcowym produkcie konsumpcyjnym.

Maroufyan *i in.* (2017) badali zmiany w czasie gotowania, temperaturze i źródle ogrzewania, które mogą mieć duży wpływ na stabilność wiązań podwójnych wielonienasyconych kwasów tłuszczowych (PUFA) w jajach. Przeprowadzono badania mające na celu określenie stabilności oksydacyjnej zawartości PUFA w jajach projektanta poddanych różnym metodom gotowania. Łącznie 160 jaj 4 marek handlowych otrzymano w wyniku gotowania, (ii) gotowania, (iii) smażenia oraz (iv) mikrofalówki. Wyniki wykazały, że marka i sposób gotowania istotnie wpłynęły na zawartość PUFA w jajach. B posiadał najwyższą zawartość n-3 i n-6 PUFA, a najniższy stosunek n6/n-3 PUFA w porównaniu z markami A, B i D. Marka B miała najniższe stężenie aldehydu malonowego (MDA) w porównaniu z innymi markami Wszystkie metody gotowania zwiększyły zawartość MDA ($P<0,05$). Na wskaźnik n-6/n-3 PUFA nie miał wpływu sposób gotowania tylko w markach C i D ($P>0,05$). Podsumowując, gotowanie okazało się najbardziej, a mikrofalowanie najmniej odpowiednią metodą gotowania jaj, mierzoną zawartością PUFA i MDA.

Rozdział czwarty

Nowe warunki dotyczące jaj

Wzbogacanie lub fortyfikacja

Odnosi się do praktyki celowego zwiększania zawartości niezbędnych mikroskładników odżywczych, tj. witamin i minerałów (w tym pierwiastków śladowych) w żywności (jajku), niezależnie od tego, czy składniki odżywcze znajdowały się pierwotnie w żywności przed przetworzeniem, tak aby poprawić jakość odżywczą żywności i zapewnić korzyści dla zdrowia publicznego przy minimalnym zagrożeniu dla zdrowia (MFBC, 2017).

Fortyfikacja lub wzbogacanie żywności

Jest to proces dodawania mikroelementów odżywczych (niezbędnych pierwiastków śladowych i witamin) do żywności (jaja). Czasami jest to wybór czysto komercyjny, aby zapewnić dodatkowe składniki odżywcze w żywności, podczas gdy innym razem jest to polityka zdrowia publicznego, która ma na celu zmniejszenie liczby osób z niedoborami żywieniowymi w populacji. W przypadku podstawowych produktów żywnościowych w danym regionie może brakować określonych składników odżywczych ze względu na glebę w tym regionie lub nieodłączną nieodpowiedniość normalnej diety. Dodawanie mikroelementów do zszywek i przypraw może w tych przypadkach zapobiegać chorobom niedoboru na dużą skalę (WHO, FAO, 2016).

Tabela (12): Różnice pomiędzy fortyfikacją i suplementacją żywności.

Fortyfikacja żywności	**Suplementacja żywności**
Proces, w którym składniki odżywcze są dodawane do żywności w celu utrzymania lub poprawy jakości diety grupy, społeczności lub populacji. WHO	Suplementacja żywności odnosi się do uzupełniania/dostarczania skoncentrowanych źródeł składników odżywczych (tj. minerałów i witamin) lub innych substancji, które mają uzupełniać składniki odżywcze w diecie.
Fortyfikacja odnosi się do dodawania witamin lub składników mineralnych do żywności w celu zwiększenia jej wartości odżywczej.	Suplementacja odnosi się do uzupełniania określonych witamin, minerałów lub innych składników odżywczych w celu zaradzenia ich niedoborom żywieniowym.
Wzbogacona żywność zawiera zazwyczaj dodane witaminy, składniki mineralne lub oba te elementy.	Uzupełnianie zazwyczaj obejmuje konkretne uzupełnienia w danym czasie
Jest to dodawanie mikroskładników odżywczych do żywności	Wiąże się to z bezpośrednią suplementacją mikroskładników odżywczych dla osoby docelowej.
Fortyfikacja żywności jest **przeznaczona dla dużej części populacji**	Suplementacja jest **skierowana do małego/selektywnego odsetka ludności**
Fortyfikacja żywności odbywa się w **celu zapobiegania niedoborom żywieniowym lub poprawy stanu odżywienia ludzi.**	Suplementacja żywności ma na celu uzupełnienie **braków żywieniowych.**
Fortyfikacja żywności jest strategią opartą na żywności	Suplementacja jest strategią niemającą charakteru żywieniowego
Robi się to w perspektywie średnio- i	**Robi się to w perspektywie krótko- i**

długookresowej	**średnioterminowej**
Jest on podawany populacji z łagodnym lub umiarkowanym ryzykiem niedoboru składników odżywczych.	Jest on podawany populacji z wysokim ryzykiem niedoboru składników odżywczych.
Fortyfikacja żywności odbywa się **zazwyczaj w podstawowych produktach spożywczych**, tak aby były one regularnie spożywane przez ludzi.	Suplementacja żywności nie wymaga stosowania żywności podstawowej, ponieważ jest ona podawana bezpośrednio do docelowej grupy odbiorców.
Fortyfikacja jest uważana za długoterminowy środek interwencyjny	Uzupełnienie jest uważane za krótkoterminowy środek interwencyjny
Jest to proces regularny i ciągły przez długi okres czasu.	Suplementacja jest jednorazowa lub okresowa lub wiąże się z regularnym przyjmowaniem suplementów przez ograniczony okres czasu.
Poprawia ona przede wszystkim wartość odżywczą żywności	Nie dotyczy to procesu poprawy wartości odżywczej żywności, ponieważ jest ona przekazywana bezpośrednio docelowym beneficjentom.
Nie ma ona bezpośredniego wpływu na stan odżywienia lub wyniki funkcjonowania osoby	Ma to bezpośredni wpływ na stan odżywienia lub wyniki funkcjonowania danej osoby
Celem fortyfikacji żywności jest wzmocnienie normalnej diety niską dawką dodatkowych składników odżywczych.	Celem suplementacji żywności jest uzupełnienie normalnej diety o skoncentrowane źródła składników odżywczych lub innych substancji
Fortyfikacja nie obejmuje wysoko skoncentrowanej formy substancji odżywczych.	**Suplementacja obejmuje wysoce skoncentrowaną formę składnika odżywczego/składników odżywczych**

Niektóre z powszechnych przykładów fortyfikacji żywności to: fortyfikacja jodowa w soli, fortyfikacja żelazna w pszenicy, witamina A w mące oraz fortyfikacja domowa żywności uzupełniającej z MNP.	**Niektóre typowe przykłady suplementacji żywności to:** suplementacja witaminą A dla dzieci w wieku 6-59 miesięcy, suplementacja żelaza dla kobiet w ciąży i karmiących, cynk w leczeniu biegunki itp.
Koszt wzbogacanej żywności jest niski	**Koszt uzupełnienia jest stosunkowo wysoki**
Środkami spożywczymi wybranymi do fortyfikacji powinny być te środki spożywcze, które są spożywane przez większość populacji.	Suplementacja żywności nie wymaga spożycia przez większość populacji
Fortyfikacja żywności nie wymaga żadnych zmian w zachowaniu lub zgodności wzbogacanej żywności z wymaganiami	Suplementacja żywności wymaga zmiany zachowania lub zgodności z przepisami
Przedawkowanie substancji odżywczych jest mało prawdopodobne	Większe szanse na przedawkowanie składników odżywczych, jeśli zostaną one przyjęte w ilości większej niż zalecana
Fortyfikacja żywności jest stosunkowo trudnym procesem, ponieważ powinna zapewnić stabilność dodanych składników odżywczych, odpowiednią interakcję dodanego składnika odżywczego z innymi dostępnymi składnikami odżywczymi, brak zmian we właściwościach fizycznych żywności itp.	Fortyfikacja żywności jest stosunkowo łatwym procesem, ponieważ nie wymaga mieszania/interakcji składników odżywczych.

(**Sandesh A.** 2018)

Żywność farmaceutyczna lub farmaceutyczna

Jest to produkt spożywczy (jajeczny) z dodatkiem farmakologicznym mającym na celu poprawę zdrowia, na przykład obniżenie poziomu cholesterolu (MedicineNet, 2018a). Jajo farmaceutyczne jest nową biotechnologią wykorzystywaną do rozwoju genetycznie modyfikowanych kurczaków, które produkują związki, które mogą być zbierane z jaj. Związki te obejmują insulinę przeznaczoną do leczenia cukrzycy. Kura, jak wszystkie zwierzęta, produkuje przeciwciała neutralizujące antygeny (wirusy, bakterie, itp.), na które jest codziennie narażona. Przeciwciała te krążą w całym jej organizmie i są przekazywane do jej jaja jako ochrona rozwijającego się kurczaka. Immunolodzy wykorzystują fakt, że kura może wytworzyć przeciwciała przeciwko szerokiej gamie antygenów i skoncentrować je w jajku. Specjalne antygeny są obecnie selekcjonowane i wstrzykiwane do kury, u której rozwijają się przeciwciała przeciwko nim. W miarę zdobywania nowej wiedzy biotechnologicznej w tej dziedzinie, w przyszłości mogą być produkowane jaja projektantów, których efektem jest szereg przeciwciał do leczenia jadów węża, przeciwdziałających mikroorganizmom powodującym próchnicę zębów.

Funkcjonalne jajko

Zmodyfikowana żywność (jajko), która zapewnia poprawę zdrowia lub dobrego samopoczucia poprzez zapewnienie korzyści wykraczających poza tradycyjne składniki odżywcze, które zawiera. Żywność funkcjonalna (jaja) może zawierać takie produkty jak zboża, chleby, napoje wzbogacone witaminami, niektóre zioła i nutraceutyki (MedicineNet, 2018b).

Jajko dietetyczne (lub jajko dietetyczne)

odnosi się do każdej żywności (jajka), której przepis jest zmieniany w celu zmniejszenia zawartości tłuszczu, węglowodanów, cukru arganowego, aby uczynić ją częścią programu odchudzania lub diety (Wikipedia, 2018).

Organiczne jajo

Jeszcze do niedawna nie było ustalonych standardów dla produkcji ekologicznych produktów drobiowych. USDA (2001) pracuje obecnie nad opracowaniem standardów prawnych. Wiele stanów, w tym Floryda, ustanowiło standardy dla produktów ekologicznych. Aby uzyskać certyfikat ekologiczny, jaja muszą być wyprodukowane od kur, które były karmione certyfikowaną paszą ekologiczną, która została wyprodukowana bez syntetycznych pestycydów lub herbicydów, antybiotyków lub upraw zmodyfikowanych genetycznie. Ponadto nie można stosować żadnych syntetycznych pestycydów do zwalczania pasożytów zewnętrznych i wewnętrznych. Zazwyczaj ekologiczne jaja są również produkowane od kur w systemach bezklatkowych (Rodzina Małej Stopy, 2018).

Jajo z chowu na wolnym wybiegu

Jaja z chowu na wolnym wybiegu są produkowane od kur, które są dopuszczone do wypasu lub wędrówki na świeżym powietrzu. Nie jest jednak konieczne, aby kury cały czas przebywały na zewnątrz. Zazwyczaj kury są trzymane w kurniku, który ma dostęp do pomieszczeń na zewnątrz. Kury mają możliwość wychodzenia na zewnątrz w ciągu dnia, choć mogą również wybierać między pobytem w pomieszczeniach zamkniętych. Stado jest zazwyczaj zamykane na noc w pomieszczeniach zamkniętych, aby chronić kury przed drapieżnikami. Nie ma ustalonej normy dotyczącej tego, jaki zakres musi być dostępny dla kur (Rodzina Małej Stopy, 2018).

Jajo hodowane na pastwisku

Chów kurcząt na pastwiskach jest modyfikacją systemu chowu na wolnym wybiegu. Ptaki cały czas pozostają na pastwisku, ale są zamknięte w przenośnym kojcu. Kojec jest przesuwany codziennie, aby zapewnić ptakom dostęp do świeżego pastwiska. Przenośne kojce mają zwykle osłoniętą część chroniącą kury przed żywiołami (Vital Farms, 2017).

Rysunek (9): Kurczęta hodowane na pastwiskach

Prawdziwe jaja z chowu na wolnym wybiegu, pochodzące od kur hodowanych na trawiastych pastwiskach, są bardziej pożywne niż te uzyskiwane z chowu bez klatek, w warunkach zamkniętych lub w klatkach bateryjnych. Producenci z chowu na wolnym wybiegu nie są jednak kontrolowani przez strony trzecie, chyba że jaja są również certyfikowane jako ekologiczne. Etykieta "Pastwisko-Raised" jest również nieuregulowana i pozbawiona jednolitych standardów, więc po raz kolejny warto zrobić małe badanie lub użyć Organic Egg Brand Scorecard. Kury z certyfikatem Animal Welfare Approved żyją w środowisku bez klatek, z rzeczywistym dostępem do pastwisk na świeżym powietrzu. Potrafią się swobodnie poruszać, socjalizować i angażować w naturalne, promujące zdrowie zachowania. Przycinanie dziobów i wymuszone formowanie jest zabronione. Jest to obecnie stosunkowo rzadki certyfikat, ale z Państwa pomocą jego wykorzystanie może wzrosnąć (Small Footprint Family, 2018). Korzyści z jaj hodowanych na pastwiskach są następujące:

Jaja hodowane na pastwiskach zawierają 70% więcej witaminy B12 i 50% więcej kwasu foliowego.

Jaja pastwiskowe zawierają 13 razy więcej omega-3s niż amerykańskie jaja handlowe.

Jaja chowane na pastwiskach są wyższe w witaminie E i omega-3 niż te uzyskiwane od kur w klatkach bateryjnych.

Jaja hodowane na pastwiskach są o 10% niższe w tłuszczach, o 34% niższe w cholesterolu, zawierają 40% więcej witaminy A i są 4 razy wyższe w omega-3s niż standardowe amerykańskie jaja z klatki bateryjnej, a mięso kurczaka hodowanego na pastwiskach ma 21% mniej tłuszczu, 30% mniej tłuszczów nasyconych i 50% więcej witaminy A niż kurczaki hodowane w klatce.

Jaja chowane na pastwiskach mają trzy razy więcej omega-3 i są o 220% wyższe w witaminie E i 62% wyższe w witaminie A niż jaja uzyskane od kur z klatki bateryjnej.

Jajo wolne od klatek lub jajo do swobodnego przemieszczania się

Bez klatki oznacza, że kura nie jest zamknięta w klatce i zamiast tego może wędrować "swobodnie" w tym najprawdopodobniej przepełnionym kurniku. Wychowane bez klatek kurczaki nigdy nie widzą światła dziennego. Większość komercyjnych kur niosek jest trzymana w klatkach. Umieszczanie kur w klatkach jest korzystne dla ptaków, konsumentów i producentów. Oddzielenie ptaków od ich kału jest korzystne w zmniejszaniu ryzyka wystąpienia chorób i zakażeń pasożytniczych. Warunki pracy producentów są często lepsze w przypadku klatek niż w przypadku innych systemów: automatyzacja jest możliwa w celu zmniejszenia ilości pracy fizycznej, a pył i amoniak są zazwyczaj mniej powszechne. Jaja składane są na pochyłej podłodze klatki, tak aby kontakt pomiędzy jajkiem a kurą był minimalny. Zmniejsza to możliwość skażenia bakteryjnego jaja. W odniesieniu do dobrostanu kur niosek, klatki mają zarówno zalety, jak i wady. Podczas gdy kwestia klatek i dobrostanu zwierząt jest nadal przedmiotem dyskusji, niektórzy konsumenci wolą kupować jaja produkowane od kur, które nie są trzymane w klatkach. Aby sprostać tej niszy rynkowej, niektórzy producenci hodują swoje ptaki w systemie "bez klatek" lub "free-roaming". Należy zauważyć, że "bez klatki" nie oznacza, że ptaki są hodowane na zewnątrz. Zazwyczaj ptaki trzymane są na podłodze kurnika. Wyższe koszty produkcji związane z tego typu systemem zarządzania znajdują odzwierciedlenie w wyższej cenie jaj. Cena jaj "bez klatki" jest często dwa razy wyższa od ceny zwykłych jaj. Często opakowanie jaj "bezklatkowych" może wprowadzać konsumenta w błąd co do produktu, który kupuje. Na kartonach z jajami często można zobaczyć wzory, w tym kurczaki wędrujące bezpłatnie na zewnątrz. Nie ma to miejsca w przypadku jaj "bez klatki". Kury są nadal utrzymywane w pomieszczeniach zamkniętych, tylko nie w klatkach (Kummer, 2018).

Jajo wegetariańskie

Jaja wegetariańskie to jaja, które pochodzą od kur karmionych dietą wegetariańską lub dietą zawierającą wyłącznie składniki pochodzenia roślinnego. Zawartość składników odżywczych w tych jajach jest taka sama jak w zwykłych jajach. Zainteresowanie jajami wegetariańskimi pojawia się w odpowiedzi na obawy dotyczące kurcząt spożywających produkty uboczne pochodzenia zwierzęcego, w tym pozostałości innych kurcząt. Ponieważ kanibalizm jest związany z pasażowalnymi encefalopatiami gąbczastymi (TSE) u wielu gatunków, niektóre osoby wyraziły obawy, że u kurcząt, które jadły kurczaki, może rozwinąć się taka choroba, potencjalnie przenosząc ją na osoby, które je jadły. Obawy związane ze spożywaniem produktów ubocznych z kurczaka są również związane z naturalnym obrzydzeniem, które wielu ludzi odczuwa, gdy myślą o kanibalizmie, ponieważ praktyka ta często wydaje się ludziom zła (Atmaram, 2015).

Pasteryzowane jajo w skorupkach

Jaja pasteryzowane to jaja, które zostały poddane pasteryzacji w celu zmniejszenia ryzyka chorób przenoszonych przez żywność w naczyniach, które nie są gotowane lub są tylko lekko gotowane. Mogą być one sprzedawane jako płynne produkty jajeczne lub pasteryzowane w skorupce. Żywności i Leków (Food and Drug Administration Food Code) z

2013 r. definiuje jaja w skorupkach jako potencjalnie niebezpieczną żywność, tj. żywność, która wymaga kontroli czasu i temperatury w celu ograniczenia wzrostu mikroorganizmów chorobotwórczych lub tworzenia toksyn. Obróbka termiczna w celu zabicia potencjalnych bakterii salmonelli znajdujących się w środku. Ze względu na obróbkę cieplną, jaja te mogą mieć nieco niższy poziom witamin wrażliwych na ciepło. Pakowane w postaci płynnej, mrożonej lub suszonej. Używane w przepisach takich jak lody domowe lub w sosie sałatkowym Cezara (FSIS, 2013).

Rozdział piąty

Referencje

Aghaei, A.; Khosravinia, H.; Mamuoei, M.; Azarfar, A. i Shahriari, A. 2017. Wpływ suplementacji diety octanem cynku i α-tokoferolu na wydajność i stężenie cynku w jajach i tkankach przepiórek japońskich. Poultry Sci. J., 5(1): 57-64.

Ajuyah, A.O.; G. Cherian, Y.W. Wang, H.H. Sunwoo i J.S. Sim. 2003. Matczyne dietetyczne kwasy tłuszczowe modulują stan długiego łańcucha n-6 i n-3 wielonienasyconych kwasów tłuszczowych w tkance sercowej brojlera. Lipidy 38: 1257-1261.

Al-Obaidi, F.A. i Al-Shadeedi, Sh.M.J. 2014. Sezonowe zmiany w fenotypie jaj i składzie chemicznym gołębia kolczastego (*Streptopelia decaocto*) w Bagdadzie. J. Genet. Środowisko. Resour. Conserv., 2014, 2(1): 69-73.

Al-Obaidi, F.A. i Al-Shadeedi, Sh.M.J. 2015. Badania porównawcze morfologii jaj, składników i składu chemicznego strusia, emu i rodzimych kurcząt. J. Genet. Środowisko. Resour. Conserv., 3(2): 132-137.

Al-Obaidi, F.A. i Al-Shadeedi, Sh.M.J. 2016. Badania porównawcze morfologii jaj, składników i składu chemicznego kaczki krzyżówki i kaczki domowej pekińskiej. J. Bio Innov., 5(4): 555-562.

Al-Obaidi, F. A. i Al-Shadeedi, Sh.MJ. 2017. Porównanie niektórych rodzimych ptaków (Kurczak, Przepiórka Kaczki Krzyżówki i Indyk) pod względem składników i składu chemicznego jaj w Iraku. Al-Anbar J. Vet. Sci., 10(1): 65-69.

Al-Obaidi, F.A. i Al-Shadeedi, Sh.MJ. 2018. Wpływ sezonu letniego i zimowego na nieprawidłowości w hodowli niektórych rodzimych szczepów kurcząt na wolnym powietrzu. Journal of Biodiversity and Environmental Science, 12(3): 220-225.

Al-Obaidi, F. A.; Al-Shadeedi, Sh. M. J. i Al-Dalawi, R. H. 2011. Jakość, właściwości chemiczne i mikrobiologiczne jaj stołowych w sklepach detalicznych w Bagdadzie. International Journal of Poultry Science, 10(5): 381-385.

Al-Shadeedi, Sh. M. J. i Al-Hilfi, M. J. 2016. Badanie odsetka i rodzaju nieprawidłowości w skorupkach jaj konsumpcyjnych w mieście Bagdad. Journal of Modern Science and Heritage, 4(1): 97-108.

Al-Shadeedi, S.M.J.; Al-Obaidi, F.A. i Al-Dalawi, R.H. 2013. Hodowla i prowadzenie hodowli kaczek i gęsi. [1.] wydanie, (po arabsku). Al-Qima Press, Bagdad, Irak.

Al-Shadeedi, Sh.M.J. i Rashad, F.H. 2017. Wpływ uzupełnienia dwóch rodzajów smaków żywności w diecie na jakość jaj i ocenę sensoryczną przepiórki japońskiej. Eufhrates J. Agric. Sci., 9(4): 752-761.

Atmaram, P. 2015. Co to jest wegetariańskie jajko? Quora. https://www.quora.com/Whats-a-vegetarian-egg

Bahakaim, A.S.A. Hmat. A. Abdel Magied, Sahar. M.H. Osman, Amal S. Omar N.Y. AbdelMalak i Nehad, A. Ramadan. 2014. Wpływ stosowania różnych poziomów i źródeł cynku w dietach warstwowych na wzbogacanie cynku jajecznego. Egipt. Poult. Sci., 34(I): 39-56.

Baucells, M.D., N. Crespo, A.C. Barroeta, S. Ló-Pez-Ferrer i M.A. Grashorn. 2000. Wprowadzanie różnych wielonienasyconych kwasów tłuszczowych do jaj. Poult. Sci. , 79: 51-59.

Bean, L.D. i S. Leeson. 2003. Długotrwały wpływ karmienia lnu na wydajność i skład kwasów tłuszczowych jaj kurzych i białych kur. Poultry Sci. , 82: 388-394.

Bello, A.U. 2017. Stabilność oksydacyjna wielonienasyconych kwasów tłuszczowych z jaj projektowych n-3 w różnych metodach gotowania. Journal of Animal Science 20(2): 75-81.

Bennett, D.C. i Cheng, K.M. 2010. Selenowe wzbogacanie jaj konsumpcyjnych. Poultry Sci., 89(10): 2166-2172.

Bolukbasi, S. C., U. Hilal., M. K. Erhan i A. Kiziltunc. 2010. Wpływ suplementacji diety olejem bergamotowym (*Citrus bergamia*) na wydajność i profil metaboliczny surowicy kur, jakość jaj i skład kwasu tłuszczowego żółtkowego w późnym okresie nieśności. Arch. Geflugelk., 74 (3): 172-177.

Bourre, J.M. i Galea, F. 2006. Ważnym źródłem kwasów tłuszczowych omega-3 witaminy D i E karotenoidy jodu i selenu: nowe, naturalne, wielokrotnie wzbogacane jaja. J. Nutr., Health Aging 10(5): 371-376.

Boushey, C. J., S. A. Beresford, G. S. Omenn, i A. G. Motulsky.1995. Ocena ilościowa homocysteiny osoczowej jako czynnika ryzyka choroby naczyniowej. Prawdopodobne korzyści ze zwiększenia spożycia kwasu foliowego. JAMA, 274: 1049-57.

Bufano, S. 2000. Utrzymywanie jaj w bezpiecznym miejscu od farmy do stołu. Food Technology, 54(8): 192.

Burley RW i Vadehra DV. 1989. Chemia i biologia jaj ptasich. Pierwszy ed., John Wiley, Sons, Nowy Jork, Toronto.

Chantiratikul, A., O. Chinrasri, i P. Chantiratikul. 2008. Wpływ selenitu sodowego i selenometioniny cynkowo-l-selenowej na wydajność i stężenie selenu w jajach kur niosek. Azjatycko-Australijski J. Anim. Sci., 21: 1048-1052.

Cherian, G. 2002. Strategie modyfikacji lipidów i odżywczo funkcjonalne środki spożywcze dla drobiu. W: T. Nakano i L. Ozimek eds., Food Science and Product Technology. Research Sign Post, Trivandrum, Indie; str.77-92.

Cherian, G. 2008. Jajka i zdrowie: Źródła składników odżywczych i nośniki suplementów. W: R.R. Watson Ed., Complementary and Alternative Therapies and the Aging Population. Academic Press, San Diego, CA, USA. str. 333-346.

Cherian, G., F. H. Wolfe i J. S. Sim. 1996a. Karmienie dietetycznymi olejami z tokoferolem. Wpływ na wewnętrzne właściwości jaj podczas przechowywania. J. Food Sci., 61:15-18.

Cherian, G., F. H. Wolfe i J. S. Sim. 1996b. Oleje dietetyczne z dodatkiem tokoferoli: działanie na tokoferole jaj lub tkanek, kwasy tłuszczowe i stabilność oksydacyjną. Poult. Sci. 75: 423-431.

Czeizel, A. E. , Puho, H. E. , Ácsm, N. , Bánhidy, F. 2008. Określenie zespołu mnogich wad wrodzonych u potomstwa kobiet ciężarnych dotkniętych zaburzeniami macierzyńskimi związanymi z wysoką gorączką. Badanie populacyjne. Congenit. Anom., 48: 126-136.

De Lange, L.L.M. i G. Oude Elferink. 2005. Produkcja jaj wzbogaconych w selen poprzez wykorzystanie ekologicznych i nieorganicznych źródeł Se-u w paszy: XI Europejskie Sympozjum na temat Jakości Jaj i Produktów Jajecznych, Holandia, 23-26 maja 2005 r.

Designhill, 2019. 9 Zasady zakładania własnej fermy drobiu. https://www.designhill.com/design-blog/rules-for-starting-your-own-poultry-farm/

Douny, C., Khoury, R.E., Delmelle, J., Brose, F., Degand, G., Moula, N., Farnir, F., Clinquart, A., Maghuin-Rogister, G. i Scippo, M.L. 2015. Wpływ przechowywania i gotowania na profil kwasów tłuszczowych wzbogaconych jaj i mięsa wieprzowego omega-3 wprowadzonych do obrotu w Belgii. Food Sci. Nutr., 3(2): 140-152.

Finley, J.W. 2007. Zwiększone spożycie żywności wzbogaconej w selen może być korzystne dla zdrowia człowieka. J. Sci. Food Agric. 87: 1620–1627.

Fisinin, V.I., T.T. Papazyan i P.F. Surai. 2009. Produkcja jaj i mięsa wzbogaconych w selen w celu poprawy statusu selenu w całej populacji. Krytyczne. Rev. Biotechnol., 29: 18-28.

FSIS, Służba Bezpieczeństwa i Kontroli Żywności Departamentu Rolnictwa Stanów Zjednoczonych. 2013. Ocena ryzyka dotycząca *Salmonella enteritidis* w jajach w skorupkach.

Gjorgovska, N. ; K. Filev i B. Chuleva, 2011. Wzbogacone jaja o witaminę E i selen. Lucrări Ştiinţifice, 55: 319-323.

Hajjar, T., Goh, Y.M.; Rajion, M.A., Vidyadaran, S., Othman, F., Soleimani, A.F., Li, T.A. i Ebrahimi, M. 2012. Wielonienasycony kwas tłuszczowy Omega 3 poprawia przyswajanie wiedzy przestrzennej i ekspresję receptorów aktywowanych przez hipokampalny proliferator peroksyzmu (PPARα i PPARγ) u szczurów. BMC Neurosci., 13: 109.

Hayat, Z., G. Cherian, T.N. Pasha, F.M. Khattak i M.A. Jabbar. 2009. Wpływ karmienia lnu i dwóch rodzajów antyoksydantów na produkcję jaj, jakość jaj i skład lipidowy jaj. J. Appl. Poult. Res. , 18: 541-551.

Hayat, Z., T.N. Pasha, F.M. Khattak, Z. Nasir i S. Ullah. 2010a. Percepcja konsumentów i chęć zakupu wzbogaconych w składniki odżywcze jaj projektantów w Pakistanie. Euro. Poult. Sci. 74:145-150.

Hayat, Z., G. Cherian, T.N. Pasha, F.M. Khattak i M.A. Jabbar. 2010b. Ocena sensoryczna i akceptacja konsumentów dla jaj pochodzących od kur karmionych nasionami lnu i dwoma różnymi przeciwutleniaczami. Poult. Sci. 89:2293-2298.

Hayat, Z.; Muhammad, N. i Hussnain, R. 2014. Jakość jaj i ocena organoleptyczna wzbogaconych w składniki odżywcze jaj projektowych. Pak. J. Agri. Sci., 51(4): 1085-1089.

Żywność HEDEGAARD. 2013. http://en.eggs.dk/the-egg/structure-of-the-egg.aspx

Hermes, J.C., 2006. Wychowujące się bezgrzebieniowce: strusie, emu i remizy. A pacific northwest extension publication, Washington, D.C.

Hintze, K.J., Tawzer, J., i Ward, R.E. 2016. Stężenie i stosunek niezbędnych kwasów tłuszczowych wpływa na reakcję zapalną u myszy zakażonych lipopolisacharydami. Prostaglandins Leukot. Essential Fatty Acids, 111: 37-44.

Hitesh Jain, H. Parva Jani, Khushboo Patel, Priti Yadav, Kaenat Sindhi i T.Y Pasha. 1998. Jajka projektowe i specjalistyczne: Sposób na poprawę ludzkiej diety. Pharmatutor-Art.

House, J.D., R.L. Jacobs, L.M. Stead, M.E. Brosnan, i J.T. Brosnan. 1999. Regulacja metabolizmu homocysteiny. Adv. Enzyme Reg. 39: 69-91.

House, J.D.; K. Braun, D.M. Ballance, C.P. O'Connor, i W. Guenter. 2002. Wzbogacenie jaj w kwas foliowy poprzez uzupełnienie diety kur niosek. Poultry Sci., 81: 1332-1337.

Instytut Medycyny, IOM. 1991. Odżywianie w okresie laktacji. Washington, DC: National Academy Press.

James. L., M.E. Stahl., J. Cook i L. Greger. 1988. Zawartość cynku, żelaza i miedzi w jajach kur karmionych różnymi poziomami cynku. J. Kompozycja żywnościowa. Analiza, 1(4): 309-315.

Jia, W., B.A. Slominski, W. Guenter, A. Humphreys i O. Jones. 2008. Wpływ suplementacji enzymatycznej na parametry produkcji jaj i odkładanie się kwasów tłuszczowych omega-3 u kur niosek karmionych siemiem lnianym i nasionami rzepaku. Poultry Sci. , 87: 2005-2014.

Kamińska, B.Z., R. Gąsior i B. Skraba. 2001. Modyfikacja zawartości wielonienasyconych kwasów tłuszczowych w tłuszczach żółtkowych przy użyciu różnych zbóż i mieszanych tłuszczów zwierzęcych w diecie kur. J. Anim. Karmić Sci., 10: 255-260.

Kang, J.X. 2008. Stosunek kwasów tłuszczowych Omega-6/omega-3 jest ważny dla zdrowia: Lekcje z genetycznie modyfikowanych komórek i zwierząt. W: F. De Meester i R.R. Watson eds., Wild-Type Food in Health Promotion and Disease Prevention. Columbus® Concept Humana Press; str.35-50.

Kennedy, G.Y. i Vevers, H.G., 1976. Badanie pigmentów ptasiej skorupki jaja. Biochemia porównawcza i fizjologia, część B: Biochemia porównawcza, 55(1): 117-123.

Knapp, H.R., 1993. Dietetyczne kwasy tłuszczowe omega-3 i kontrola ciśnienia krwi. W: Drevon, C.A., I. Baksaas i H.E. Krokan eds., Omega-3 Fatty Acids: Metabolism and Biological Effects, Birkhauser, Basel, Szwajcaria, str. 241-249.

Koehler, H.H. i Bearse, G.E. 1975. Jakość smaku jajek w zależności od tego, czy chodzi o mączki rybne czy oleje rybne w racjach żywnościowych dla niosek. Poultry Sci., 54(3): 881-889.

Kris-Etherton, P.M., D.S. Taylor, S. Yu-Poth, P. Huth, K. Moriarty, V. Fishell i R.L. Hargrove. 2000. Wielonienasycone kwasy tłuszczowe w łańcuchu pokarmowym w Stanach Zjednoczonych. Am. J. Clin. Nutr. , 71: 179S-188S.

Kummer, M. 2018. Wartość odżywcza jaj pastewnych w porównaniu z jajami zwykłymi

https://michaelkummer.com/health/nutritional-value-pastured-eggs-vs-regular-eggs/

Leeson, S. i Caston, L.J. 2003. Witamina, wzbogacanie jaj. The J. Applied Poultry Res., 12: 24-26.

Leskanich, C.O. i R.C. Noble. 1997. Manipulowanie składem n-3 wielonienasyconych kwasów tłuszczowych jaj i mięsa ptaków. World's Poult. Sci. J. , 53:153-155.

Linda, P. Case i Melody F. Raasch. 2011. Fat Requirements, in Canine and Feline Nutrition, 3rd ed., ScienceDirect, Elsevier B.V.

Lukanov, H.; A. Genchev, i A. Pavlov. 2015. Cechy kolorystyczne jaj kurzych z różną pigmentacją skorupki jaja. Trakia J. Sci., 2: 149-158.

Manohar, G.R. 2015. Produkcja jaj dla projektantów - przegląd. Int. J. Sci. Environ. Technol., 4(5): 1373 - 1376.

Maroufyan, E., Fadil, M., Bello, A.U., Ebrahimi, M., Goh, Y.M., i Soleimani, A.F. 2017. Stabilność oksydacyjna wielonienasyconych kwasów tłuszczowych z jaj projektowych n-3 w różnych metodach gotowania. Mal. J. Anim. Sci. 20(2): 75-81.

Matt, D.; Veromann, E. i Luik, A. 2009. Wpływ systemów chowu na skład biochemiczny jaj kurzych. Agronomia Res., 7(wydanie specjalne II), 662-667.

Mazalli, M.R., D.E. Faria, D. Salvador i D.T. Ito. 2004. Porównanie wartości pokarmowej różnych źródeł tłuszczów dla kur niosek: 1) Charakterystyka wydajności. J. Appl. Poult. Res. , 13: 274-279.

MedicineNet, 2018a. Medical Definition of Pharma food. https://www.medicinenet.com/script/main/art.asp?articlekey=40716

MedicineNet. 2018b. Medyczna definicja żywności funkcjonalnej. https://www.medicinenet.com/script/main/art.asp?articlekey=9491

Meynier, A., Leborgne, C., Viau, M., Schuck, P., Guichardant, M., Rannou, C. i Anton, M. 2014. n-3 jaja wzbogacone kwasem tłuszczowym i produkcja żółtka jaj w proszku: zwiększone ryzyko utleniania lipidów? Food Chem. 153: 94–100.

MFBC, Micronutrient Fortification and Biofortification Challenge. 2017. Copenhagen Consensus Center. www.copenhagenconsensus.com. Odzyskane 2017-06-14.

Mohiti-Asli, M., Shariatmadari, F., Lotfollahian, H. i Mazuji, M.T. 2008. Wpływ uzupełniania karmy dla kur niosek o selen i witaminę E na jakość jaja w procesie utleniania lipidów i składu kwasów tłuszczowych podczas przechowywania. Puszka. J. Anim. Sci., 88(3): 475-483.

Moksnes, K. 1983. Odkładanie się selenu w tkankach i jajach kur niosek, którym podano nadmiar selenu w postaci selenometioniny. Acta Vet. Scand., 24: 34-44.

MRC, Vitamin Study Research Group. 1991. Zapobieganie wadom rurek nerwowych: wyniki badania witaminowego Medical Research Council. Lancet, 338: 131-137.

Murcia, M.A., Martinez-Tome, M., del Cerro, I., Sotillo, F. i Ramirez, A. 1999. Proksymalny skład i poziom witaminy E w żółtku jaja: straty podczas gotowania w kuchence mikrofalowej. Sci. Food Agric. 79: 1550-1556.

Naber, E. C. 1993. Modyfikujący skład witaminowy jaj: Recenzja. J. Applied Poultry Res., 2: 385-393.

Naber, E. C. i Squires, M. W. 1993. Profile witaminowe jaj jako wskaźniki stanu odżywienia kury nioski: Dieta do przewozu jaj i badania stada handlowego. Poultry Sci., 72: 1046-1053.

Narahari,. D. 2005. Manipulowanie składnikami odżywczymi dla jaj i mięsa o wartości dodanej. Konferencja Indian Poultry Science Association i National Symposium-2005 produkcja.

http://www.poulvet.com/poultry/articles/egg_meat_nutrition.php

Nehad, A. Ramadan, Amal S. Omar, A.S.A. Bahakaim i Sahar M.H. Osman. 2010. Wpływ stosowania różnych poziomów żelaza z cynkiem i miedzią w diecie warstwowej na wzbogacanie jajek w żelazo. Int. J. Poultry Sci., 9 (9): 842-850.

Newman, S.A. 2011. Jajo zwierzęce jako innowacja ewolucyjna: rozwiązanie zagadki "klepsydry embrionalnej". J. Zoologia eksperymentalna Część B: Ewolucja molekularna i rozwojowa. 316 (7): 467-483. doi:10.1002/jez.b.21417

Krajowa Rada ds. Badań Naukowych, NRC. 1994. Wymagania żywieniowe drobiu. 9 red., National Academic Press, Washington, DC.

Nys, Y. i Sauveur B. 2004. Wartość odżywcza jaj. INRA Productions Animales, 17(5): 385-393.

Olobatoke, R.Y. i Mulugeta, S.D. 2011. Wpływ czosnku jadalnego w proszku na wydajność warstwy, obciążenie bakteriami kałowymi i jakość jaj. Poultry Sci., 90: 665-670.

Packer, L. 1991. Ochronna rola witaminy E w systemie biologicznym. Am. J. Clin. Nutr., 53: 1050-1055.

Park, S.W., H. Namkung, H. J. Ahn, I. K. Paik. 2004. Produkcja Żelaznych Wzbogaconych Jaj Kury nioski. Azjatycko-Australazyjski J. Anim. Sci., 17(12): 1725-1728.

Paton, N.D., Cantor, A.H., Pescatore, A.J., Ford, M.J. i Smith, C.A. 2000. Wpływ źródła selenu w diecie i poziomu jego włączenia na zawartość selenu w jajach inkubowanych. Poultry Sci., 79(Suppl) 40.

Paton, N.D., A.H. Cantor, A.J. Pescatore i C.A. Smith. 2002. Wpływ źródła i poziomu selenu w diecie na pobieranie selenu przez rozwój zarodków kurcząt. Poult. Sci., 81: 1548-1554.

Payet, M., M.H. Esmail, E.P. Gaël, L. Brun, L. Adjemout, G. Donnarel, H. Portugal i G. Pieroni. 2004. Spożywanie jaj wzbogaconych kwasem dokozaheksaenowym indukuje akumulację kwasu arachidonowego w erytrocytach osób starszych. Br. J. Nutr. , 91: 789-796.

Payne, R.L., T.K. Lavergne, i L.L. Southern. 2005. Wpływ selenu nieorganicznego i organicznego na produkcję kur i stężenie selenu jaja. Poult. Sci., 84: 232-237.

Pereira, A.L.F., Vidal, T.F., Abreu, V.K.G., Zapata, J.F.F. i Freitas, E.R. 2011. Marka dietetycznych lipidów i czas przechowywania na stabilności jaj. Ciênc. Tecnol. Jedzenie. 31(4): 984-991.

Pingel, H. 2009. Produkcja ptactwa wodnego dla bezpieczeństwa żywnościowego. IV Światowa Konferencja Ptactwa Wodnego, 11-13 listopada 2009, Thrissur, Indie.

Pinterest, 2018. Odkryj pomysły na rasy kurczaków_ https://www.pinterest.com/pin/639652571930422l9/

Poole, H.K., 1964. Pigmentacja skorupki jaja przepiórki japońskiej: Genetyczna kontrola cechy białej jaja. Journal of Heredity, 55 (3): 136-138.

Powell, S.R. 2000. Właściwości antyoksydacyjne cynku. J. Nutr. , 1452-1456.

Rainer Zenz, 2006. zdjęcie: jajo strusia BMK.jpg zdjęcie BMK marzec 2005, jaja przepiórcze zamontowane przez Rainera Zenza._ https://commons.wikimedia.org/wiki/File:Vogeleier.jpg

https://www.pharmatutor.org/articles/designer-and-speciality-eggs-way-to-improve-human-diet

Romanoff, A.L. i A. Romanoff , 1949. Ptasie Jajo. John Wiley and Sons Co., Nowy Jork.

Ren, Y., Perez, T.I., Zuidhof, M.J., Renema, R.A. i Wu, J. 2013. Stabilność oksydacyjna wielonienasyconych kwasów tłuszczowych omega-3 wzbogaca jaja. J. Agric. Food Chem., 61: 11595-11602.

Sandesh A. 2018. 22 Differences between Food Fortification and Supplementation, Public Health Notes. http://www.publichealthnotes.com/22-differences-between-food-fortification-and-supplementation/

Selhub, J., i I.H. Rosenberg. 1996. Kwas foliowy. Strony 206-219: Aktualna wiedza w zakresie odżywiania. Siódmy ed. E.E. Ziegler i L. J. Filer, Ed. ILSI Press, Washington, DC.

Selhub, J., P. F. Jacques, A. G. Bostom, P. W. Wilson, i I. H. Rosenberg. 2000. Związek pomiędzy homocysteiną osoczową a stanem witamin w populacji badanej przez Framinghama. Wpływ fortyfikacji kwasu foliowego. Public Health Rev., 28: 117-145.

Schrauzer, G.N. 2003. Znaczenie odżywcze, metabolizm i toksykologia selenometioniny. Adv. Food Nutr. Res., 47: 73-112.

Schrauzer, G. N. 2009. Selen i pierwiastki selenowo-antagonistyczne w żywieniowej profilaktyce nowotworowej. Krytyczne. Rev. Biotechnol., 29: 10-17.

Schrauzer, G.N., i P.F. Surai. 2009. Selen w żywieniu ludzi i zwierząt: Sprawy rozwiązane i nierozwiązane. Częściowo jego teoretyczny traktat upamiętniający pięćdziesiątą rocznicę odkrycia biologicznej istotności selenu, poświęcony pamięci Klausa Schwarza (1914-1978) z okazji trzydziestej rocznicy jego śmierci. Krytyczne. Rev. Biotechnol., 29: 2-9.

Simopoulos, A.P. 2000. Zapotrzebowanie ludzi na wielonienasycone kwasy tłuszczowe n-3. Poult. Sci. , 79:961-970.

Singer, P. 1993. Mechanizmy związane z ciśnieniem krwi - efekt obniżający kwasy tłuszczowe omega-3. W: Drevon, C.A., I. Baksaas i H.E. Krokan (red.), Omega-3 Fatty Acids: Metabolism and Biological Effects, Birkhauser, Basel, Szwajcaria, str. 251-257.

Skrivan, M. , Skrivanová, V. , Marounek, M. 2005. Wpływ dietetycznego cynku, żelaza i miedzi w paszy warstwowej na rozmieszczenie tych pierwiastków w jajach, wątrobie, wydalinach, glebie i roślinach. Poultry Sci., 84(10): 1570-1575.

Small Footprint Family, 2018. Jakie jajka powinienem kupić? https://www.smallfootprintfamily.com/benefits-of-pasture-raised-eggs

Stadelman, W.J. i O.J. Cotterill , 1995. Nauka o jajach i technologia. 4th ed. , Food Products Press. Odcisk Haworth Press. INC. Nowy Jork. Londyn.

Surai, P.F., T.T. Papazyan, B.K. Speake, i N.H.C. Sparks. 2007. Wzbogacenie w selen i inne pierwiastki śladowe. Strony 183-190 w Bioaktywnych Związkach Jajowych. R. Huopalahti, R. Lopez-Fandinño, i M. Anton, R. Schade, ed. Springer-Verlag Berlin, Niemcy.

Torres-Giner, S., Martinez-Abad, A., Ocio, M.J. i Lagaron, J.M. 2010. Stabilizacja nutraceutycznego kwasu tłuszczowego omega-3 poprzez enkapsulację w ultracienkim, spryskanym elektrolitycznie zein-prolaminie. J. Food Sci., 75(6): 69-79.

USDA, 2001. Składnik odżywczy Da-tabase dla Standard Reference, wydanie 14. Nutrient DataLaboratory Strona główna. http://www.nal.usda.gov /fnic/foodcomp.

Van Elswyk, M.E. 1997. Żywieniowe i fizjologiczne skutki stosowania nasion lnu w dietach dla ptactwa nieśnego. World's Poult. Sci. J., 53:253-264.

Van Elswyk, M.E., Sams, A.R. i Hargis, P.S. 1992. Funkcjonalność składu i ocena sensoryczna jaj od kur karmionych dietetycznym olejem menhadenowym. J. Food Sci., 57: 342-344.

Vital Farms, 2017. Co to jest Pastwisko-Raising? https://vitalfarms.com/pasture-raised-eggs/

Vukasinovic, M., R. Mihailovic, M. Sekler, V. Kaljevic, i V. Kur-cubic. 2006. Wpływ zawartości selenu w paszach dla kur niosek. Arch. Geflügelkd., 70: 91-96.

Wikipedia. 2018. Dietetyczne jedzenie. https://en.wikipedia.org/wiki/Diet_food

World Poultrt, 2003. Wartość odżywcza jaj i składniki prozdrowotne. 19(7). http://flfam.org.my/files/Eggs%27%20 nutritional%20values.pdf

KTÓRY, FAO, 2016. Światowa Organizacja Zdrowia i Organizacja Narodów Zjednoczonych ds. Wyżywienia i Rolnictwa (Food and Agriculture Organization of the United Nations Guidelines on food fortification with micronutrients). Zarchiwizowane 26 grudnia 2016 r. w Wayback Machine 2006 [cytowane w 2011 r. 30 października].

Zang, H.; Zhang, K.; Ding, X.; Bai, S.; Hernández, J.M. i Yao, B. 2011. Wpływ różnych kombinacji dietetycznych witamin na jakość jaj i odkładanie się witamin w całej jaju kur niosek. Brazylijczyk J. Poult. Sci., 13(3). http://dx.doi.org/10.1590/S1516-635X2011000300005

FSC
www.fsc.org
MIX
Papier | Fördert gute Waldnutzung
FSC® C083411

Kolibri 360 GmbH
Ferdinand-Jühlke-Straße 7
99095 Erfurt, Deutschland
produktsicherheit@kolibri360.de

Druck:
CPI Druckdienstleistungen GmbH
im Auftrag der
Kolibri 360 GmbH
Ferdinand-Jühlke-Str. 7
99095 Erfurt